ILLUSTRIERTES LEXIKON DER

PILZE

von

Ladislav Hagara

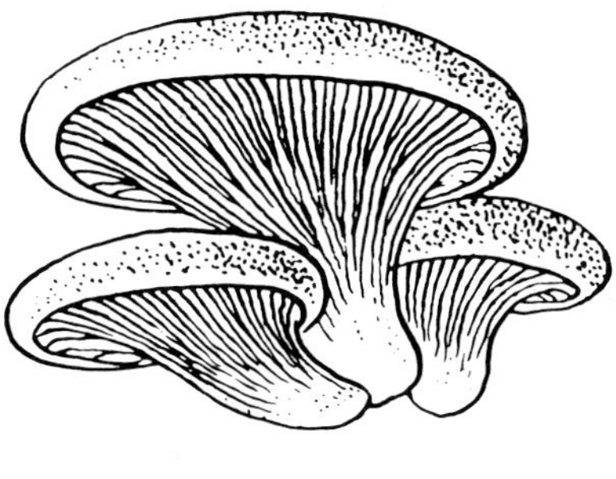

KARL MÜLLER VERLAG

Seite 2:
Fliegenpilz (*Amanita muscaria*)

Seite 5:
Eichen-Rotkappe (*Leccinium rufum*, früher *L. aurantiacum*)

Austern-Seitling (*Pleurotus ostreatus*)

Hinweis und Warnung

Der Speisewert der Pilze und die übrigen Angaben zu den Pilzen, die in diesem Buch genannt sind, wurden nach bestem Wissen aufgeführt. Eine Haftung für die Richtigkeit sämtlicher Angaben in diesem Buch wird ausgeschlossen. Dies gilt insbesondere für den Karl Müller Verlag, da diesem die Überprüfung der Angaben nicht möglich ist.

Wer Pilze ißt, handelt auf eigene Verantwortung, da Autor und Verlag eventuelle individuelle Unverträglichkeiten sowie die Sammelgewohnheiten des Einzelnen nicht kennen. Deshalb sollten Sie auch einen zweifelsfrei bestimmten Pilz erst dann zu Speisezwecken verwenden, wenn er Ihnen in all seinen unterschiedlichen Erscheinungsformen genau bekannt ist. Bei geringstem Zweifel sollten Sie die gesammelten Pilze einem Pilzfachmann bzw. einer Pilzberatungsstelle vorlegen. Allgemein sei vor dem Verzehr von rohen Pilzen und zu alten Pilzen gewarnt; außerdem sollten Sie junge und unterentwickelte Pilze, die Sie nicht einwandfrei bestimmen können, auf keinen Fall sammeln.

Text von Ladislav Hagara
Mit Farbfotos von Ladislav Hagara

Ins Deutsche übertragen von Heinz Koblischke
Graphische Gestaltung von Karel Drchal

ISBN 3-86070-494-X
Printed in the Czech Republic

3/23/09/52-03

INHALT

Einleitung		7
Kapitel 1	Urtümliche Morcheln	9
Kapitel 2	Gallertpilze	25
Kapitel 3	„Teufelswerk“: Stäublinge	31
Kapitel 4	Pilze ohne Blätter	41
Kapitel 5	Gern gesucht: Seitlinge	69
Kapitel 6	König Steinpilz	77
Kapitel 7	Pastellfarbene Schnecklinge	127
Kapitel 8	Die große Verwandtschaft der Ritterlinge	143
Kapitel 9	Champignon und Co.	193
Kapitel 10	Brüchige Täublinge und Milchlinge	219
Register der deutschen Namen		250
Register der lateinischen Namen		253
Literaturhinweise		256

EINLEITUNG

Das wachsende Interesse an Pilzen in allen europäischen Ländern hängt nicht nur mit ihren einzigartigen geschmacklichen Eigenschaften zusammen, sondern auch mit einer intensiveren Beziehung der Menschen von heute zur Natur, mit ihrem Wunsch, sie besser zu verstehen, tiefer in ihre Gesetzmäßigkeiten und Geheimnisse einzudringen.

Die Wissenschaft hat bisher mehr als 100 000 Pilzarten unterschieden und beschrieben. Das Reich der Pilze ist jedoch viel größer. Es umfaßt, wie man annimmt, ungefähr 250 000 Arten. Ihre große Mehrheit bilden sog. niedere Pilze, die sich in der Regel nur unter dem Mikroskop beobachten lassen. „Höhere" Pilze mit fleischigeren Fruchtkörpern gibt es in rund 20 000 Arten. Die meisten von ihnen gehören zur Gruppe der Ständerpilze; ihre Sporenträger sind Basidien – keulenförmige Gebilde an den Enden der Pilzfasern. Die bekanntesten Ständerpilze sind die Arten mit Blättern (Lamellen) oder Röhren im „Futter" an der Unterseite des Hutes. Ein kleinerer Teil der höheren Pilze gehört zur Gruppe der Schlauchpilze; bei ihnen bilden sich die Fortpflanzungszellen (Sporen) in Schläuchen an der Außen- oder Innenseite des Fruchtkörpers. Die bekanntesten Schlauchpilze sind Morcheln, Trüffel und Pilze mit becherförmigen Fruchtkörpern.

Im Unterschied zu Grünpflanzen enthalten die Pilze kein Chlorophyll, so daß sie nicht imstande sind, sich durch photosynthetische Assimilation selbst zu ernähren. Ein kleiner Teil der höheren Pilze lebt parasitisch auf anderen lebenden Organismen. Ein anderer, viel größerer Teil bezieht seine Nahrung aus den Wurzeln von mykorrhitisch (d.h. in Mykorrhizasymbiose) lebenden Partnern – hauptsächlich Bäumen, aber auch Sträuchern und Pflanzen. Diese Gemeinschaft bringt auch der Wirtspflanze Nutzen. Der größte Teil der höheren Pilze lebt jedoch von den Überresten abgestorbener, verwesender Pflanzen oder Tiere, also saprophytisch. Diese Pilze leisten in der Natur eine wahrhaft gigantische Arbeit, denn sie zersetzen gemeinsam mit den Bakterien praktisch jede organische Substanz und ermöglichen dadurch den Kreislauf von Materie und Energie im Pflanzen- und Tierreich. So gesehen verdienen sie unsere Bewunderung. Die Funktion der Pilze bei der Beseitigung der Naturabfälle übertrifft bei weitem ihr sonstiges Wirken – das negative (Schädigung der Waldbestände, der Feldkulturen oder Holzbauten, mitunter auch der menschlichen Gesundheit) wie auch das positive (Verwendung als Nahrung und zu Heilzwecken).

Das Buch enthält saprophytische, mykorrhitische und parasitische Arten aus der Gruppe der Schlauch- (Kapitel 1) und Ständerpilze (Kapitel 2–10). Beschrieben und farbig abgebildet sind 232 Pilzarten aus fast allen Familien, die durch ihre nützlichen oder ästhetischen Eigenschaften das Interesse der Naturfreunde erregen. Neben den eßbaren, zum Verzehr gesammelten Arten und den giftigen, die im Vergleich wichtig sind, werden hier in einer gewissen Auswahl auch holzzerstörende Pilze sowie seltene oder vom Aussterben bedrohte Arten vorgestellt, die unserer Obhut bedürfen und einen wirksamen Schutz verdienen.

Schirmling *Macrolepiota konradii*

2

Kapitel 1 URTÜMLICHE MORCHELN

Morcheln wirken auf uns sehr urtümlich, als stünden wir vor den noch lebenden Urahnen aller heutigen Pilze. Und etwas Wahres ist schon daran. Einige Wissenschaftler vermuten, daß sich aus Schlauchpilzen, zu denen auch die Morcheln gehören, vor Millionen von Jahren das Reich der Pilze entwickelt hat – mit all jenen bunten Formen und mannigfaltigen Arten, die uns umgeben.
Wir kennen über 15 000 Arten von Schlauchpilzen. Sie gliedern sich in fünf Klassen, von denen das menschliche Interesse vor allem die Scheibenpilze (Discomycetes) *fesseln: die Schlauchpilze mit den größten Fruchtkörpern, darunter auch wohlschmeckende eßbare Arten, die man in Europa seit eh und je sammelt. Das sind hauptsächlich Morcheln und Verpeln, die wegen ihres köstlichen Geschmacks und zeitigen Vorkommens geschätzt werden und ihrem Standort viele Jahre lang treu bleiben. Zu ihnen gehört auch die geheimnisvolle Frühjahrslorchel, die bisweilen ohne Schaden in der Küche Verwendung findet, meist jedoch schmerzhafte, ja sogar lebensgefährliche Vergiftungen hervorruft.*

Böhmische Verpel [2] *(Verpa bohemica)*

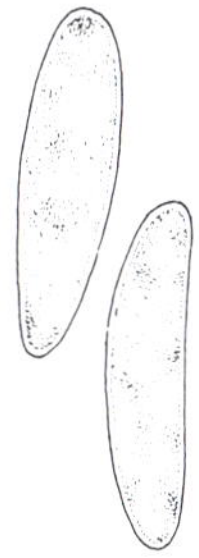
Sporen

Die Hauptmerkmale dieser Verpel sind eine stark gerippte Hutoberseite und ein erst am Scheitel des Hutes ansetzender Stiel.

Der **Hut** ist 20–50 mm hoch und 20–40 mm breit, glocken- bis kegelförmig, mit freiem, abstehendem, oft auch leicht gebogenem Rand und nur mit dem obersten Teil auf dem Stiel sitzend, gelb- bis dunkelbraun, an der Innenseite weißlich. Die Rippen an der Oberseite sind länglich, stellenweise quer miteinander verbunden, meist ziemlich hoch, dicht und gewellt, mitunter auch dünn, niedrig und nicht allzu zahlreich. Die Rippen überdeckt die Fruchtschicht mit den Sporen. Der **Stiel** ist 70–150 mm hoch und 10–25 mm breit, unregelmäßig zylindrisch, an der Basis oft etwas erweitert, manchmal seitlich zusammengedrückt und gebogen, anfangs wattig gepolstert, bald jedoch hohl, mit verstreuten oder ringförmig angeordneten weißlichen Flocken bedeckt, im Alter häufig ganz kahl, weißlich bis creme-gelblich, oft mit schmutzig-ocker- oder -orangefarbenen Flecken. Das **Fruchtfleisch** ist verhältnismäßig dünn, wachsartig und brüchig, von schwachem Geruch und angenehmem Geschmack.

Wächst von März bis Mai an feuchten, schattigen Stellen in hellen Laubwäldern, Hainen, Auen und Gebüsch, oftmals in Gruppen. Ist an verschiedene Laubbäume und Sträucher gebunden (Espe, Schlehe, Weißdorn, Kirschbaum u.a.). Bevorzugt basische und neutrale Böden mit genügend Nährstoffen. Kommt in der Tiefebene bis hin zum Gebirgsvorland vor; stellenweise häufig, gehört in anderen Gegenden aber zu den seltenen Arten, die eines Schutzes bedürfen, auch von seiten der Pilzsammler.

Schmackhafter Pilz, der sich für eine Küchenzubereitung und zum Einlegen in Essig eignet. Die Stiele ausgewachsener Fruchtkörper sind gewöhnlich zäh und deshalb für den Verzehr nicht zu empfehlen.

Glockenverpel [3] *(Verpa conica)*

3

Hat im Unterschied zur Böhmischen Verpel einen nur leicht gewellten oder niedrig gerieften Hut ohne Rippen und hohe gehirnförmige Falten.

Der **Hut** ist 20–30 mm hoch und 10–20 mm breit, fingerhutartig, stumpfkegelig oder glockenförmig, mit freiem, abstehendem, anfangs nach unten gebogenem Rand und nur mit dem obersten Teil auf dem Stiel sitzend, bräunlich, satt- bis schwarzbraun, an der Innenseite weißlich bis hellocker. Die Hutoberseite ist glatt, leicht gewellt oder niedrig runzelig. Der **Stiel** ist 50–100 mm hoch und 10–15 mm breit, unregelmäßig zylindrisch, oft gebogen, anfangs wattig gepolstert, später hohl, reich bedeckt mit ringförmig angeordneten, flockigen Schüppchen, die zunächst weißlich oder cremefarben sind wie der Untergrund, später jedoch dunkler, blaßocker bis schmutzig-bräunlich werden. Das **Fruchtfleisch** ist dünn, wachsartig und sehr brüchig, fast geruchlos und von angenehmem Geschmack.

Wächst von April bis Mai in feuchten und hellen Laubwäldern, Auen und Gebüsch, vor allem unter Weißdorn. Bevorzugt basische Böden mit genügend Nährstoffen. Kommt in der Tiefebene bis hin zum Gebirgsvorland vor, jedoch nur ausnahmsweise in größeren Mengen. Gehört zu den selteneren und wenig bekannten Pilzen. Ist **eßbar,** sollte aber eher geschützt werden.

Hohe Morchel oder **Spitz-Morchel** [4] *(Morchella elata)*

Die größte aller Morcheln, gekennzeichnet durch einen kegelförmigen Hut mit parallelen Rippen graubrauner, olivbrauner oder bis purpurner Färbung.

Der **Hut** ist 30–80 mm hoch und 20–50 mm breit, gewöhnlich kegelförmig oder zylindrisch konisch, schlank, meist mit einem ziemlich spitzen Scheitel. Der untere Rand reicht etwas über den Stiel hinaus und wächst abgesetzt auf ihn zu. Er ist hohl, mit länglichen, fast parallelen Rippen, die durch schräge, seltener waagerechte Zwischenwände verbunden sind. Gefärbt ist er in verschiedenen Braunschattierungen, häufig mit einem grauen, schwärzlichen, olivfarbenen oder purpurnen Schimmer. Der **Stiel** ist 50–150 mm hoch und 20–40 mm breit, unregelmäßig zylindrisch, oft mit einem verbreiterten Ober- oder Unterteil, meist flach gerieft und immer hohl, an der Oberseite dicht geflockt, in der Jugend weißlich, später goldig, ocker bis gelbbraun. Das **Fruchtfleisch** ist dünn, wachsartig, brüchig, am Stiel zäh, roh, ohne markanten Geruch und Geschmack, nach dem Trocknen aber aromatisch und warm zubereitet köstlich. Wächst von April bis Mai, in höheren Lagen hauptsächlich im Juni, in hellen Nadel- und Laubwäldern, Auen, Gebüsch und Gärten; auch auf Schutthalden und Brandstätten. Bevorzugt kalkreiche, lehmige und sandige Böden. Kommt in der Tiefebene bis hin zu Berggegenden vor, ist aber nur im Gebirgsvorland häufiger. Ist **eßbar**, köstlich und für jede Küchenzubereitung geeignet.

4

5

Halbfreie oder **Glocken-Morchel, Käppchen-Morchel** [5] *(Morchella hybrida, M. semilibera)*

Hat den Hut nicht am Scheitel an den Stiel angewachsen wie die Verpel und auch nicht unten wie alle anderen Morcheln, sondern ungefähr in halber Höhe (mindestens 10 mm vom unteren Hutrand).

Der **Hut** ist 20–40 mm hoch und 10–30 mm breit, kegel- bis glockenförmig; das untere Drittel bis zur Hälfte ist frei, der übrige Teil an den Stiel angewachsen. Die äußere Fruchtschicht bedecken ziemlich spitze Längsrippen mit Querverbindungen, an der Schneide dunkler bis schwarzbraun, in den Grübchen heller, braun bis olivbraun. Der **Stiel** ist 50–120 mm hoch und 15–30 mm dick (bei der *gigas*-Form bis 250 bzw. 40 mm), ist hohl, ungleichmäßig dick, im Reifezustand längsgerieft und mit mehligen Flocken bedeckt, weißlich, gelblich bis blaßocker. Das **Fruchtfleisch** ist dünn und brüchig, von unauffälligem Geruch und Geschmack.

Wächst von April bis Mai in Auenwäldern und Gebüsch, oft in Gruppen; kommt in einigen Gegenden überhaupt nicht vor.

Ist **eßbar** und wohlschmeckend, wird wie die anderen Morcheln verwendet.

Speise- oder **Rundmorchel** [6] *(Morchella esculenta)*

Das Unterscheidungsmerkmal bei dieser Art ist die Gelbocker- bis Braunockerfärbung des Hutes reifer Fruchtkörper mit unregelmäßig angeordneten Grübchen.

Der **Hut** ist 40–80 mm hoch und 30–60 mm breit, eiförmig, rundlich oder stumpfkegelig, der untere Rand ist mit dem Stiel verwachsen und hohl, an der ganzen Oberseite mit unregelmäßig angeordneten, tiefen, unterschiedlich geformten Grübchen bedeckt, die von fast senkrechten Zwischenwänden abgegrenzt werden. Ist in der Jugend grau bis grauocker, später gelb- oder braunocker, an der Schneide der Scheidewände manchmal rötlich. Der **Stiel** mißt 30–80 mm Höhe und 10–30 mm und ist im unteren Teil gewöhnlich verdickt, meist runzelig, immer hohl und feinkörnig, weißlich oder gelblich, im Alter an der Basis bis ziegelrotschwärzlich. Das **Fruchtfleisch** ist wäßrig wachsartig und brüchig, im Grübchenteil des Hutes gelbocker bis bräunlich-ocker, in der Höhlung von Stiel und Hut weißlich, fast ohne Geruch und Geschmack.

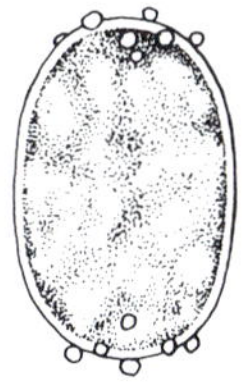

Spore

Wächst von April bis Mai an grasigen Waldrändern und auf Lichtungen, in hellen Hainen, Parkanlagen, Gebüsch, Gärten und an Bächen, vor allem auf feuchtem Lehm- und Sandboden. Stellenweise häufig, anderswo gar nicht vorkommend. Ist **eßbar** und sehr schmackhaft, eignet sich für jede Zubereitung und zum Trocknen; hat nach dem Trocknen ein viel stärkeres Aroma. Mit unterschiedlichen pikanten Füllungen der hohlen Hüte lassen sich interessante Gerichte kreieren. Nicht zu empfehlen ist das Sammeln alter Fruchtkörper, da sie Giftstoffe enthalten können, die bei der Verwesung des Fleisches freigesetzt werden.

6

Riesenlorchel [7, 8] *(Gyromitra gigas)*

Diesen Pilz kennzeichnet ein mittelgroßer bis gewaltiger Hut mit hirnartig gewundener Oberseite und ein breiter, gekammerter, auffällig schwerer Stiel.

Der **Hut** mißt 60–150 mm im Durchschnitt und ist meist unregelmäßig kugelförmig, mitunter mehr eckig oder breit glockenförmig, ohne auffällige Auskragungen, hirnartig bis wulstig gewunden und hohl; bei laubbedeckten Fruchtkörpern gewöhnlich cremefarben, läuft aber im Hellen rasch gelbbraun und schließlich rotbraun an. Der **Stiel** ist 30 bis 80 mm hoch und 30–70 mm breit, mehr oder weniger vom Hutrand überdeckt, stark runzelig und leicht bemehlt, innen mit unregelmäßigen kammerförmigen kleinen Höhlungen, überwachsen mit Erdmaterial und auffallend schwer, gewöhnlich creme-weißlich, im Alter mit einem Ockerschimmer. Das **Fruchtfleisch** ist

7
8

ziemlich dünn und brüchig, weißlich bis cremefarben und fast ohne Geruch und Geschmack. Wächst von April bis Juni in Laub- und Nadelwäldern, z.B. unter Hainbuchen und Fichten, oft an liegenden, teilweise in den Boden versunkenen Stämmen und Zweigen oder direkt auf versunkenem Holz oder Rinde. Kommt in der Tiefebene bis hin zu Hochgebirgsregionen vor, in Europa aber kaum häufig. Gehört zu den relativ seltenen Pilzen.

Wird in der Fachliteratur teils als **eßbar** und teils als **schwach giftig** angegeben. Aus persönlicher Erfahrung kenne ich sie als einen sehr schmackhaften Pilz, der selbst in größeren Mengen keine gesundheitlichen Beschwerden hervorruft. Dennoch ist sie nicht zum Sammeln zu empfehlen, einmal im Interesse des Schutzes als bedrohte Art und zum anderen, weil sie leicht mit der giftigen Frühjahrslorchel (*Gyromitra esculenta*) verwechselt werden kann.

Frühjahrs- oder **Gift-Lorchel** [9] *(Gyromitra esculenta)*

Wächst, im Unterschied zur vorigen Art, nur in Nadelwäldern; der Hutdurchmesser erreicht selten mehr als 70 mm. Der Hut ist bis zu schwarzbraun gefärbt.

Der **Hut** hat einen Durchmesser von 30–80 mm und ist rundlich, knollig oder stumpfkegelig, mit hirnartig gewundener Oberseite, braun bis schwarzbraun, bisweilen gelbbraun, innen hohl und weißlich. Der **Stiel** ist 30–70 mm hoch und 20–40 mm dick und ist gewöhnlich zusammengedrückt und stark runzelig, in der Jugend gepolstert, bald jedoch hohl und leichter als bei *Gyromitra gigas*, an Oberseite und im Innern weißlich. Das **Fruchtfleisch** ist ziemlich dünn, wachsartig, brüchig und weißlich, von unauffälligem oder spermatischem Geruch und mildem Geschmack. Wächst von März bis Mai in Nadel-, meist Kiefernwäldern, besonders auf sandigem Boden an Wegen und Bächen, bisweilen auch an Holzresten oder auf Holzablagerungsplätzen. Kommt in Hügellandschaften bis hin zum Bergland vor, ist insgesamt aber nicht häufig.

9

10

Nicht sammeln – **sehr giftig**! Ruft mitunter auch tödliche Vergiftungen hervor. Ursache hierfür ist eine hohe Konzentration von Gyromitrin (1 kg Frischpilz enthält bis über 1500 mg dieser toxischen Substanz). Durch mehrmaliges Abbrühen der Pilze verringert sich zwar der Gyromitringehalt wesentlich, läßt sich aber nie ganz beseitigen. Das Gift kann die Leber ernsthaft schädigen, vor allem bei wiederholtem Verzehr. Berichte über eine angebliche Unschädlichkeit des Pilzes nach Übergießen mit kochendem Wasser kann man also nicht glauben; in diesen Fällen handelte es sich offenbar um eine andere Lorchelart (z.B. *Gyromitra gigas* oder *Gyromitra fastigiata*).

Größter Scheibling [10] *(Discina perlata)*

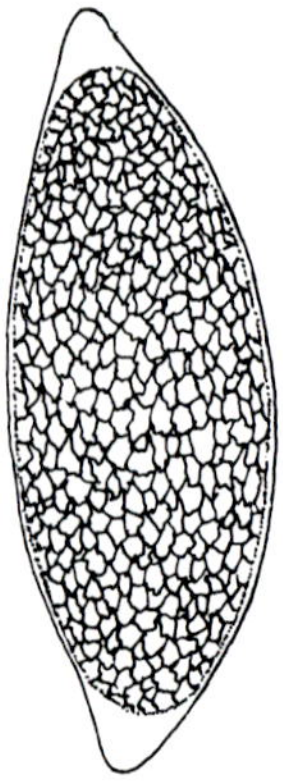

Spore

Die Fruchtkörper sind in der Jugend napfförmig und glatt, im Reifezustand ausgebreitet und buckelig. Sie sitzen auf der Erde oder an Holz.

Der **Fruchtkörper** ist 40–150 mm breit, zuerst napfförmig, dann flach ausladend und im Alter bis wulstig gewunden, an der Oberseite in der Jugend glatt, später buckelig oder runzelig, grau-, tabak- bis rötlichbraun, an der Unterseite filzig und schmutzig-weißlich. Der **Stiel** ist kaum zu bemerken – 5–10 mm hoch und 10–20 mm dick, runzelig bis gerippt und schmutzig-weißlich. Das **Fruchtfleisch** ist dünn, brüchig, schmutzig-weißlich und von unauffälligem Geruch und Geschmack. Wächst von April bis Anfang Juni auf nackter feuchter Erde oder auf Stümpfen und liegenden Stämmen von Nadelhölzern, hauptsächlich Fichten und Kiefern. Kommt einzeln oder in kleineren Gruppen in der Tiefebene bis hin zum Bergland vor. Stellenweise relativ häufig, vor allem in Vorgebirgs-Fichtenwäldern, gehört insgesamt aber eher zu den selteneren Pilzen.

Ist **eßbar** und schmackhaft in Suppen, Saucen und Füllungen.

Gruben-Lorchel [11] *(Helvella lacunosa* f. *phlebophoroidea)*

Die abgebildete Form hat einen gräulichen helm- bis sattelartigen Hut und einen weißlichen mit tiefen Grübchen bedeckten Stiel.

Der **Hut** ist 20–70 mm breit und 20–50 mm hoch, meist unregelmäßig gelappt und am unteren Rand mit dem Stiel verwachsen, hohl, glatt und kahl, angegraut bis aschfarben oder braungrau (bei der geläufigeren typischen Form ist er viel dunkler, braunschwarz bis schwarz). Der **Stiel** mißt 30–100 mm Höhe und 10–30 mm Dicke und ist hohl, mit markanten länglichen Rippen und tiefen Grübchen – bisweilen mit Querwänden – bedeckt, creme-weißlich (bei der typischen Form bräunlich-grau). Das **Fruchtfleisch** ist ca. 2 mm dick und recht brüchig, von unauffälligem Geruch und Geschmack.

Wächst von Mai bis November in Laub- und Nadelwäldern, besonders auf sandigem Boden an Wegrändern. Kommt in der Tiefebene bis hin zum Bergland vor, stellenweise recht häufig.

Ist zwar **eßbar**, wird aber nur selten zum Verzehr gesammelt. Die Stiele älterer Fruchtkörper sind sehr zäh und schwer verdaulich.

Anmerkung: Die Gattung *Helvella* ist in Europa mit etwa vierzig Arten vertreten. Die meisten von ihnen wachsen im Sommer und Herbst und gehören zu den selteneren Arten, die unsere Aufmerksamkeit vor allem durch ihren bizarren, vorwiegend sattelförmigen Hut auf sich lenken.

Typischer schwärzlicher Fruchtkörper

11

Eselsohr [12] *(Otidea onotica)*

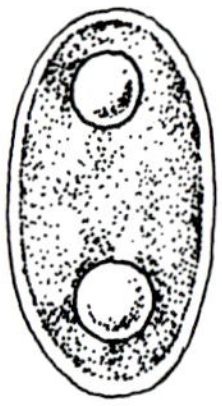

Spore

Charakteristisch sind seine tütenförmige Gestalt, die Gelbockerfärbung der Innen- und Außenseite des Fruchtkörpers sowie sein Wachstum in Gruppen.

Der **Fruchtkörper** ist 30–80 mm hoch und 20–40 mm breit, fast tütenförmig gerollt und auf einer Seite gespalten; den Rand hat er in der Jugend nach innen gebogen. Auf der Innenfruchtseite ist er glatt, gelbocker bis gelborange, mitunter stellenweise bis rötlich, auf der Außenseite leicht mehlartig und meist gelbocker. Der **Stiel** ist sehr kurz, dünn und weißlich filzig. Das **Fruchtfleisch** ist dünn, ziemlich zäh, wenig elastisch und hell, ohne auffälligeren Geruch und Geschmack.

Wächst von Juli bis November in Laubwäldern, vor allem unter Hainbuchen, Eichen und Haselsträuchern. Bevorzugt basischen Humusboden. Kommt gewöhnlich in größeren Gruppen vor, hauptsächlich in wärmeren Hügellandschaften, seltener in Vorgebirgsgegenden.

Ist **eßbar**, aber wenig ergiebig, und eignet sich frisch als Mischpilz.

Anmerkung: In Fichtenwäldern wächst das sehr ähnliche Hasenohr (*Otidea leporina*), das kleiner, gelbbräunlich bis zimtfarben ist und auch saure Böden verträgt. In Europa wachsen noch einige seltenere Vertreter dieser Gattung; sie alle gehören zu den Saprophyten.

12

Feuchtliebender Becherling [13] *(Peziza udicola)*

Seine charakteristischen Merkmale sind ein relativ großer Fruchtkörper und gruppenweises Vorkommen auf durchfeuchteten Pflanzenresten.

Der **Fruchtkörper** ist 30–80 mm breit, ausnahmsweise bis 140 mm, und 20–50 mm tief, in der Jugend fast kugelig oder halbkugel-, später becherförmig; im Alter bis ausgebreitet. Der Rand ist anfangs nach innen gebogen und durchgehend, später gewöhnlich stumpf gezähnt und stellenweise auch eingerissen. An der Fruchtoberseite ist er glatt und feucht glänzend, hellbraun bis braun, an der Außenseite meist bräunlich, bereift und in der Jugend braunkörnig. Das **Fruchtfleisch** ist 2–5 mm stark, brüchig und glänzend, wäßrig bräunlich bis schmutzig-cremefarben, von schwachem Erdgeruch und mildem Geschmack.

Wächst von Mai bis August auf verwesenden, stark durchfeuchteten Pflanzenresten (Gewächse, Stroh, kleine Zweige, morsches Holz usw.) oder auf mit solchen Überresten vermischtem Boden. Kommt nur an feuchten bis durchnäßten Stellen vor, insbesondere an Bächen, in Waldschluchten, auf alten Heuschobern, Komposthaufen und Müllplätzen.

Anmerkung: In Europa gibt es über hundert Arten der Gattung *Peziza*. Sie wachsen auf der Erde, an Holz und auf Brandstätten. Für sie alle ist ein becher- oder napfförmiger Fruchtkörper typisch.

13

Zinnoberroter Prachtbecherling [14] *(Sarcoscypha coccinea)*

Kenntlich am blutroten, becherförmigen Fruchtkörper, seinem Wachsen an Holz und dem sehr zeitigen Vorkommen.

Der **Fruchtkörper** ist 20–60 mm breit und becher- oder napf- bis tellerförmig, an der Oberseite glatt, hell blutrot bis scharlachrot, am Rand ocker-weißlich und etwas gezähnt. Die Unterseite ist leicht filzig und weißlich, später schmutzig-blaßrosa, im Alter und bei Trockenwerden ockerweißlich. Der **Stiel** mißt 5–60 mm Höhe und 4–15 mm Dicke und ist meist kurz und zylindrisch, nicht selten jedoch auffallend lang und keilförmig, ausnahmsweise auch überhaupt nicht entwickelt; er ist fest, elastisch, filzig bis fein behaart und schmutzig-weißlich bis blaßrosa. Das **Fruchtfleisch** ist ziemlich dünn und in der Jugend wachsartig, aber nicht brüchig, später zäh und weißlich.

Wächst von Februar bis April an durchfeuchtetem, abgestorbenem Holz von Laubbäumen und Sträuchern, vor allem auf den Zweigen von Buchen, Ulmen und Rosengewächsen (Weißdorn, Schlehe, Kirschbaum u.a.). Kommt auf am Boden liegenden und teilweise oder völlig in die Erde eingesunkenen Zweigen vor, hauptsächlich in Hügellandschaften und im Gebirgsvorland. Ist recht häufig. Zeigt sich bald nach der Schneeschmelze und ist im Frühling eine echte Zierde der Natur.

Anmerkung: Das gleiche Aussehen haben *Sarcoscypha austriaca*, die hauptsächlich auf den Zweigen von Erlen, Akazien, Weiden und Ahorn wächst, und *Sarcoscypha jurana*, die auf Lindenzweigen vorkommt. Diese drei europäischen Arten lassen sich nur unter dem Mikroskop zuverlässig unterscheiden.

14

15

Gestielter Orangebecherling [15] (*Sowerbyella rhenana*)

Spore

Diesen Pilz charakterisieren becherförmige gestielte Fruchtkörper, die oben orangefarben und außen gelblich sind.

Der **Fruchtkörper** ist 10–30 mm breit und ca. 10 mm tief, in der Jugend halbkugelig, später becher- bis napfförmig, mit einem lange nach innen gebogenen Rand. Die Fruchtoberseite ist glatt, in der Jugend blaßorange, im Reifezustand lebhaft orangefarben und im Alter gelborange, die Außenseite anfangs orange-gelblich, im Reifezustand gelblich und dicht mit gleichfarbenen Flocken bedeckt. Der **Stiel** mißt 5–20 mm Höhe und 4 bis 6 mm Dicke und ist bei jungen Fruchtkörpern fast immer gut entwickelt und auffallend, bei reifen aber meist reduziert; er ist anfangs gelblich, später weißlich. Die Stiele der zu größeren Gruppen angeordneten Fruchtkörper wachsen aus einer mächtigen gemeinsamen Grundlage heraus. Das **Fruchtfleisch** ist saftig und recht brüchig, an der Oberschicht orangefarben und an der Unterschicht gelblich, von unauffälligem Geruch und Geschmack.

Wächst von August bis Oktober in Buchenwäldern auf der Erde, gewöhnlich in Gruppen oder sogar büschelig. Ist sehr selten. Seit 1869, als er erstmals in Deutschland beschrieben wurde, fand man ihn in Europa nur in Frankreich (1873, 1905, 1961), wieder in Deutschland (1897), in der Schweiz (1950, 1981), in Österreich (1968) und in der Slowakei (1984).

Ist **ungenießbar** und verdient größten Schutz.

16

Kronenbecherling [16] *(Sarcosphaera crassa, S. coronaria)*

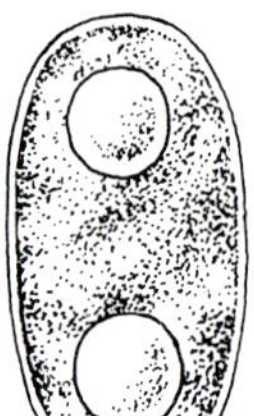

Spore

Wir erkennen diesen Pilz an den kugeligen bis tulpenförmigen geöffneten Fruchtkörpern und ihren violetten Schattierungen.

Der **Fruchtkörper** ist 30–100 mm breit, ausnahmsweise bis 200 mm, und 20–50 mm tief, in der Jugend ganz oder teilweise noch in der Erde versteckt, kugelig bis breit nierenförmig, ganz geschlossen und innen hohl; später bricht er oben auf und öffnet sich zipfelförmig (wie eine Tulpenblüte). Die Fruchtinnenseite ist glatt, grau-blaßviolett, violett bis braunviolett; die Außenseite ist leicht filzig, weißlich, violett-bräunlich bis schmutzig-ocker. Ein **Stiel** ist gewöhnlich nicht entwickelt. Das **Fruchtfleisch** ist wachsartig, brüchig und weißlich, ohne besonderen Geruch und Geschmack.

Wächst von Mai bis August in Nadel- und Laubwäldern, besonders an lehmigen Rändern von Waldwegen. Bevorzugt eindeutig kalkreiche Böden. Kommt in der Tiefebene bis hin zum Bergland vor, ist aber nur stellenweise häufiger. Gehört zu den Pilzen, die ihrem Standort jahrelang treu bleiben.

Nicht sammeln – **schwach giftig**, roh sogar bis **sehr giftig!** Bekannt sind selbst tödliche Vergiftungen nach dem Genuß roher Fruchtkörper.

Weißtrüffel oder **Deutsche Trüffel** [17]
(Choiromyces venosus, C. meandriformis)

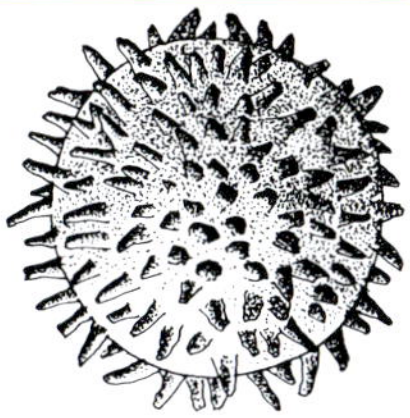

Spore

Ähnelt mit ihrer knolligen Gestalt und dem nestartigen Wuchs unter der Erde sehr einer Kartoffel.

Der **Fruchtkörper** hat einen Durchmesser von 50–120 mm und eine Masse von 150–400 g, ist unregelmäßig knollenförmig und erinnert meist an eine Kartoffel. Die Oberseite ist gewöhnlich bucklig und unregelmäßig runzelig, die Haut etwa 1 mm dick und grauweißlich, gelb-bräunlich bis rostfarben, bei feuchtem Wetter aufgesprungen, oft von Insekten oder Schnecken angefressen. Das **Fruchtfleisch** ist knorpelig und sehr hart, anfangs weißlich, später mit einem Grauschimmer, am Schnitt mit einem Gewirr bräunlicher Äderchen (marmoriert), in der Jugend ohne Geruch, im Reifezustand sehr aromatisch (erinnert an gekochten Mais), im Alter jedoch unangenehm riechend; der Geschmack ist würzig.

Wächst von Juni bis September auf lehmigen und sandigen Böden unter Nadel- und Laubbäumen, vor allem Fichten und Buchen, gewöhnlich an helleren Plätzen und nur ca. 10 cm unter der Erde. In einem Nest sind meist mehrere Fruchtkörper. Wird gern von Wild gesucht und ausgescharrt. Die jüngeren, nicht von Tieren angefressenen Fruchtkörper lassen sich reiben und in kleineren Mengen zum Würzen von Suppen oder anderen Speisen verwenden; gegebenenfalls in dünne Scheiben schneiden und in Butter braten. Man verwertet sie frisch, denn nach dem Trocknen werden sie hart und verlieren den Geruch.

17

18

Kapitel 2

GALLERTPILZE

Die chinesische Küche ist undenkbar ohne den sog. schwarzen Pilz. Hinter dieser Bezeichnung verbergen sich mehrere Arten, vor allem das Judasohr (Auricularia auricula-judae), *das auf allen fünf Kontinenten vorkommt. In Europa wächst es häufig. Wer an seinem zarten würzigen Geschmack und elastischen Fruchtfleisch Gefallen gefunden hat, braucht es also nicht aus dem Orient zu importieren. Man kann es schon von März an bis zu den ersten Frösten sammeln, trocknen und auf Vorrat einlagern. Das Judasohr gehört zu einer von zwei Klassen von Ständerpilzen mit der Fachbezeichnung* Heterobasidiomycetes. *Gallertartiges Fruchtfleisch, vor allem aber ein besonderer anatomischer Aufbau der Basidien charakterisiert sie. Auch* Tremiscus helvelloides, *ein weiterer Vertreter dieser nicht großen Gruppe von Pilzen, ist sehr interessant. Er läßt sich – wie mehrere andere Arten – sogar roh verzehren.*

Gezonter Ohrlappenpilz [18] *(Auricularia mesenterica)*

Wir erkennen ihn am Hut, der an der Oberseite gestreift (gezont) und behaart und an der Unterseite runzelig und braunviolett ist.

Die **Fruchtkörper** sind zerlaufen oder bestehen aus einer Reihe einzelner oder zusammenwachsender Hütchen, die dachartig in mehreren Schichten gelagert sind – 30–80 mm breit und 2–4 mm stark. Die Hütchen sind lappen- oder muschelförmig, immer gewunden und an der Oberseite sichtbar gezont, zottig filzartig, braun bis olivbraun, am Rand stumpf gerundet, wellig gewunden, gallertartig und nackt, weißlich bis olivbräunlich, an der Unterseite aderig gerippt, grübchenförmig gerieft bis runzelig, nackt und gallertartig, braunviolett oder purpurbraun. Das **Fruchtfleisch** ist im Frischzustand gallertartig und sehr elastisch, im Trockenzustand aber hornig, hart und spröde, an der Oberseite ledrig.

Wächst das ganze Jahr über, vor allem im Herbst, bei Tauwetter auch in den Wintermonaten. Lebt parasitisch und saprophytisch an Holz von Laubbäumen, z.B. Buche, Ahorn, Roßkastanie, Esche, Ulme und Pappel. Kommt vor allem in Auenwäldern der Tiefebene vor, seltener in Hügellandschaften. Am häufigsten ist er in Südeuropa. In Mittel- und Westeuropa sucht er sich nur die wärmeren Lagen aus. Ruft eine weiße Fäulnis des Holzes hervor.

Ungenießbar.

Judasohr [19, 20] *(Auricularia auricula-judae, Hirneola auricula-judae)*

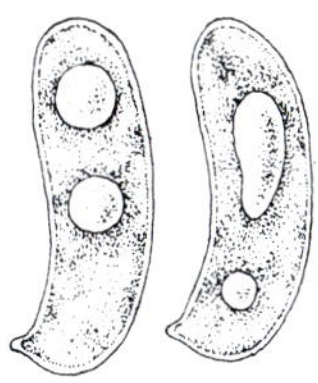

Sporen

Zu erkennen an den elastischen, gallertartigen Fruchtkörpern muschelförmiger Gestalt und brauner, rot- bis olivbrauner Färbung.

Die **Fruchtkörper** sind 25–100 mm breit und 1–3 mm stark, in der Jugend napf-, später muschelförmig oder unregelmäßig, bisweilen in Form eines Ohres, gewunden, seitlich an Holz wachsend, glatt oder runzelig und sehr elastisch. An der Fruchtoberseite sind sie braun, rot- oder olivbraun und weißlich bemehlt von ausgefallenem Sporenstaub, an der Unterseite glatt, körnig bis samtig und hellbraun. Das **Fruchtfleisch** ist

19

im Frischzustand elastisch und unter der Haut gallertartig, nach Trockenwerden hart und brüchig, schwarzbraun, ohne besonderen Geruch und Geschmack. Ein trockener Pilz lebt nach dem Regen auf und wird wieder weich. Auch die für Küchenzwecke getrockneten Fruchtkörper erlangen nach dem Einweichen die ursprüngliche gallertartige Konsistenz wieder.

Wächst das ganze Jahr über, bei Tauwetter auch in der Winterperiode, an abgestorbenem und lebendem Holz von Laubbäumen, vor allem an schwarzem Holunder, aber auch an Eiche, Erle, Ahorn, Akazie, Buche, Pappel, Weide, Hainbuche und Ulme. Kommt in der Tiefebene und in Hügellandschaften vor, stellenweise häufig, meist in Auenwäldern.

Ist **eßbar** und wird frisch oder getrocknet Suppen und Fleischgerichten beigefügt; in der chinesischen Küche ist er unverzichtbar.

20

Fleischroter Gallerttrichter [21] (*Tremiscus helvelloides*)

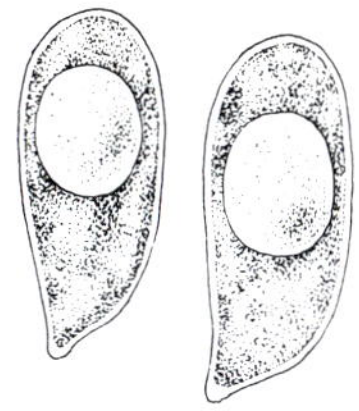

Sporen

Eindeutig charakterisiert durch einen roten, tütenförmigen Fruchtkörper mit gallertartigem Fleisch.

Der **Fruchtkörper** ist 30–120 mm hoch und 20–60 mm breit, tüten- oder zungenförmig und an der Oberseite kahl, meist orange oder lachsrot, im Alter braun-rötlich oder orangegelb. Der Hutteil ist auf einer Seite ausgebuchtet und geht allmählich in den gespaltenen hohlen Stiel über, der zylindrisch oder zusammengedrückt ist und in der Regel heller als der Hut. Das **Fruchtfleisch** ist 2–5 mm stark, gallertartig und elastisch, am Stiel härter; im Alter zerfließt es fast und ändert die Farbe von Orange nach Gelb, bei Trockenwerden in Rotbraun. Der Geruch ist angenehm, der Geschmack unauffällig.

Wächst von Juli bis Oktober in Nadelwäldern, vor allem auf kalkreichem Untergrund aus eingesunkenen Resten von morschem Fichten- und Tannenholz heraus (scheinbar aus der Erde). Kommt hauptsächlich in Vorgebirgs- und Bergregionen vor, ist aber selten und fehlt in vielen Gegenden völlig.

Ist **eßbar** und schmackhaft, eignet sich für Salate, zum Kandieren und zum Einlegen in süße Aufgüsse. Köstlich auch roh, mit Zucker bestreut. Da er selten ist, sollte er geschützt werden.

21

Goldgelber Zitterling [22] *(Tremella mesenterica)*

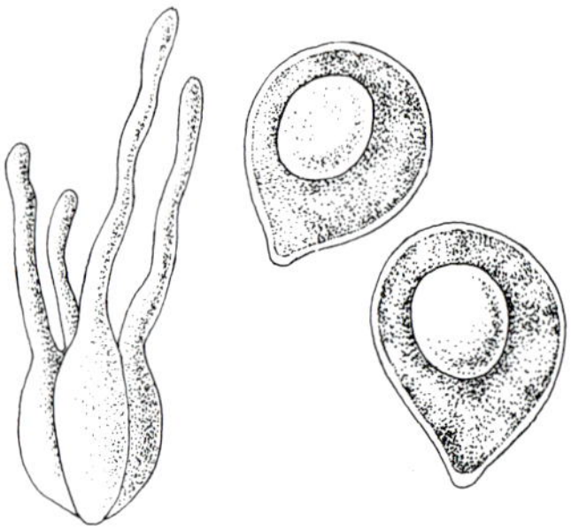

Sporenständer (Basidie) und Sporen

Fällt auf durch goldgelbe, gelappte Fruchtkörper gallertartiger Konsistenz, wächst auf den Zweigen von Laubbäumen.

Die **Fruchtkörper** werden 20–60 mm lang und 20 bis 40 mm hoch und sind gelappt, bisweilen hirnartig oder anders gewellt und oft zu zusammenhängenden oder unterbrochenen Reihen verbunden. In der Jugend sind sie orangegelb, im Reifezustand goldgelb, im Alter verblassen sie zu Schwefelgelb und werden beim Zerfallen fast weiß. Sie verlieren auch bei diesen Farbveränderungen nicht ihren Glanz.

Das **Fruchtfleisch** ist 2–3 mm stark und gallertartig, saftig, elastisch und farblos, in der Jugend von obstigem Geruch und süßlichem Geschmack.

Wächst fast das ganze Jahr über, meist aber in der kühlen Periode Ende Herbst, an abgestorbenen Ästen und Stämmen verschiedener Laubbäume, vor allem von Buchen, Eichen, Eschen, Hainbuchen und Haselnußsträuchern. Ist recht häufig.

Ungenießbar.

22

23

Zitterzahn oder **Eispilz** [23] *(Pseudohydnum gelatinosum)*

Leicht erkennbar an seinen gallertartigen Fruchtkörpern und weichen weißen Stacheln an der Unterseite des Hütchens.

Der **Fruchtkörper** ist 20–60 mm breit und bis 10 mm stark, löffelförmig, halbkugelig oder zungenförmig, mit kurzem weißlichen Stiel oder seitlich angewachsen, glänzend, manchmal fast gläsern durchsichtig, meist weißlich, bisweilen mit bläulicher Schattierung, violett-bräunlich bis sattbraun, an der Unterseite weißlich oder eisfarben und mit zahlreichen kurzen, weichen Stacheln bedeckt. Das **Fleisch** ist am ganzen Fruchtkörper gallertartig und in der Jugend ziemlich fest und elastisch, wäßrig weißlich, wird im Alter schleimig und hat einen unauffälligen Geruch und besonderen Geschmack.

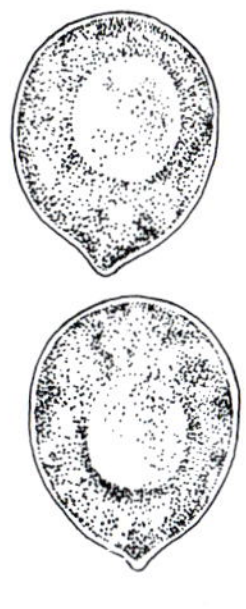

Sporen

Wächst von Juli bis November an morschem, durchfeuchtetem Holz von Kiefern, Fichten und Tannen, ausnahmsweise auch auf Buchen, hauptsächlich an zerfallenen Stümpfen. Ist recht häufig, besonders in Vorgebirgswäldern.

Gehört wie *Tremiscus helvelloides* zu den wenigen Pilzarten, die auch roh verzehrt werden können (gewöhnlich verursachen nämlich sogar eßbare Pilze, die roh gegessen werden, Magenbeschwerden). Eignet sich für Pilzsalate, Suppen und Risotto oder zum Einlegen in Essig.

Kapitel 3

„TEUFELSWERK“: STÄUBLINGE

Es ist erstaunlich, wieviel verschiedene volkstümliche Bezeichnungen die Stäublinge und andere verwandte Arten aus der Ordnung der Bauchpilze (Gasterales) *haben, und das wohl in allen europäischen Sprachen. Schon in ferner Vergangenheit erhielten sie besondere Namen, obwohl sie niemand sammelte, weder zum Essen noch zu Heilzwekken, – wohl weil die Leute einfach Angst vor ihnen hatten oder sie verabscheuten. Rauchende Pilze – und das sind alle Stäublinge – mußten nach den alten Vorstellungen bestimmt etwas mit der Hölle zu tun haben ... Darum nannte man sie beispielsweise Teufelstabak, Teufelspfeife, Teufelsei. Um nichts besser kamen bei der Volkstaufe auch die Bauchpilze weg, deren Form an das männliche Geschlechtsorgan erinnert. Es sind vor allem Pilze der Gattungen* Mutinus *und* Phallus *– diese Fachausdrücke sind übrigens sehr treffend. Zu den Bauchpilzen gehört auch ein mehrfacher Rekordinhaber: der Riesenbovist* (Langermannia gigantea), *der in Ausnahmefällen einen Umfang von über 2 m erreicht und in seinem Innern die meisten Sporen bildet: nicht Millionen, sondern Millionen mal Millionen!*

Gemeine Hundsrute [24, 25] *(Mutinus caninus)*

Dieser Pilz wächst aus einem kleinen Ei heraus und hat einen dünnen weißlichen bis blaßorangen Stiel, der oben in einer roten Fruchtspitze endet, die zuerst olivbrauner Schleim mit Sporen bedeckt.

Die **Fruchtkörper** haben anfangs die Form kleiner weißlicher Eier (20–40 mm hoch, 15–25 mm dick), unten mit einer weißen Wurzel, mit der sie auf dem weißen bindfadenförmigen Pilzgeflecht (Myzel) sitzen. In der Reifezeit platzt das Ei und nimmt die Form einer Scheide (Volva) an, aus der rasch ein hohler zylindrischer Träger (Stiel) wächst, 50–170 mm lang und ca. 10 mm dick. Dieser aus kleinen Kammern bestehende **Stiel** ist weißlich, hautfarben bis blaßorange und an der Oberfläche länglich-zellig. Oben geht er fließend in den keilförmigen Fruchtteil über, der körnig und grellrot ist. Ihn bedeckt anfangs eine schleimige, sporenbildende Schicht olivbrauner Färbung, die mit ihrem intensiven Geruch Insekten anlockt.

Wächst von Juni bis Oktober in Laub- und Nadelwäldern und Gebüsch, hauptsächlich auf Humus und um vermoderte Baumstümpfe herum. Ein Lieblingsstandort sind auch Sägemehlhaufen. Kommt in der Tiefebene bis hin zum Gebirgsvorland vor und ist nicht allzu häufig.

Ungenießbar.

25

Gemeine Stinkmorchel [26, 27] *(Phallus impudicus)*

26

Wächst aus einem kleinen Ei heraus, das nach dem Aufplatzen die Form einer Scheide annimmt; der Stiel ist dick, weißlich, und endet in einem zelligen glokkenförmigen Hut, den zuerst eine schleimige, widerlich stinkende olivfarbene Sporenschicht bedeckt.

Der **Fruchtkörper** ist in der Jugend eiförmig bis kugelig, mit einem Durchmesser von 30–60 mm, mit einem Myzelfaden an der Basis. Wenn das Ei platzt, nimmt es die Form einer Scheide an, aus der rasch der hohle weißliche **Stiel** herauswächst, 100–200 mm hoch und 30–50 mm dick; der Stiel ist zerbrechlich, porös und aus kleinen Kammern zusammengesetzt. An seinem Oberteil schließt der glocken- oder fingerhutförmige Hut an; am Scheitel befindet sich eine kleine Scheibe, in der Mitte mit einer schmalen Öffnung in die Stielhöhlung hinein. Die Hutoberseite ist wabenförmig gerippt, cremefarben und in der Jugend, solange sie die schleimige, olivgrüne, sporenbildende Schicht bedeckt, glatt; die zellige Struktur erscheint erst, wenn die Schicht abtropft oder von Insekten beseitigt wird. Diese sporentragende Schicht stinkt widerlich und macht uns schon aus einer Entfernung von mehreren Metern auf diesen Pilz aufmerksam.

Wächst von Juni bis November in Laub- und Nadelwäldern auf basischen und sauren Böden, von der Tiefebene bis hin zur Berggrenze. Ist vor allem in warmen Laubwäldern der Tiefebene sehr häufig; Auftreten verstärkt am Ende des Sommers. Meidet nur Torfböden und Lagen von mehr als 1000 m ü. NN.

Galt bis vor kurzem im Jugendzustand – in Eiform – als **eßbar**. Auch wenn sie in diesem Stadium noch nicht stinkt, ist sie doch **schwach giftig** und ihr Verzehr unzulässig.

27

Junge, noch ungeöffnete Fruchtkörper (Eistadium)

Dünen-Stinkmorchel [28, 29] *(Phallus hadriani)*

Besitzt die gleichen Merkmale wie die vorige Art, wächst jedoch nur in warmen Gegenden und hat eine zartrosa bis violette Eihülle, Scheide und ebensolches bindfadenförmiges Pilzgeflecht.

Der **Fruchtkörper** ist in der Jugend kugelig-eiförmig bis rund, 20–50 mm im Durchmesser und mit einem Myzelfaden an der Basis ausgestattet. Solange der Fruchtkörper unter der Erde versteckt ist, hat er eine weißliche Farbe; im Hellen oder durch Quetschen nehmen Ei und Myzelfaden aber einen lachsrosa bis rosaviolette Färbung an. Genauso verfärbt sich die Scheide, die nach dem Platzen des Eies entsteht und den unteren Teil des Stiels umhüllt, der 80 bis 200 mm hoch und 25–45 mm dick ist. Der **Stiel** hat über der Basis eine weißliche Färbung und ist weniger porös als bei der vorigen Art. Am Stielende sitzt der glocken- oder fingerhutförmige Hut auf, der 25–50 mm hoch und 15–35 mm breit ist. Er hat an der Oberseite ein unregelmäßig wabenförmiges Relief mit bis 4 mm hohen Kanten. Am Scheitel befindet sich eine breite abgeflachte Scheibe, in der Mitte von einer ziemlich großen Öffnung durchbohrt, die im Stiel mündet. Die Hutoberfläche ist am Anfang der Reife von einer schleimigen, unangenehm riechenden, sporenbildenden Schicht mit olivgrüner oder -brauner Färbung bedeckt. Der Geruch dieser Schicht ist nicht aasig wie bei der vorigen Art, sondern eher süßlich-gärig.

Wächst von Juli bis Oktober am Meer, aber auch in warmen Laubhainen, hauptsächlich unter Akazien, im Gebüsch, in Weinbergen, Gärten und auf Stoppelfeldern, immer auf sandigem, sonnendurchwärmtem Boden. Ist an der Ostsee recht häufig, an der deutschen Nordsee und der französischen Küste vereinzelt und im Binnenland selten.

Ungenießbar.

28

29

Noch ungeöffnete Fruchtkörper (Eistadium)

30

Flaschen-Stäubling [30] *(Lycoperdon perlatum)*

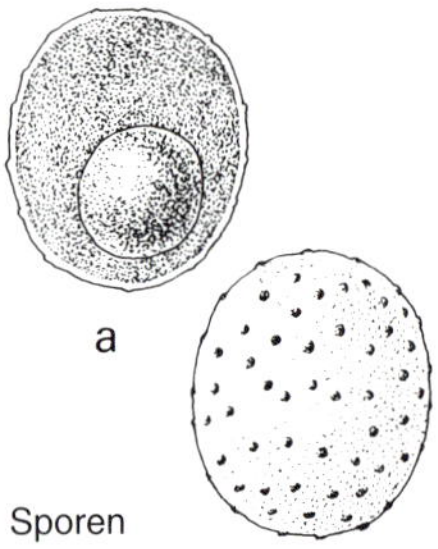

Zu erkennen am birnenförmigen Fruchtkörper, der dicht mit braun werdenden Stacheln bedeckt ist.

Der **Fruchtkörper** ist 30–80 mm hoch und 20–50 mm breit, meist birnenförmig, auch stielkolbig oder schmal keulenartig, oben gerundet oder bucklig und dicht mit bis 2 mm hohen Stacheln bedeckt; an der Stelle abgefallener Stacheln bleiben mehrkantige Grübchen – Alveolen – übrig, die im Alter nach Kahlwerden des Fruchtkörpers eine Rasterzeichnung ergeben. Haut und Stacheln sind in der Jugend weißlich, später ocker-bräunlich bis hellbraun. Nach Trockenwerden ist die Haut wie aus Papier. Im Alter bildet sich am Scheitel eine kleine Öffnung, durch die Sporen aus dem Innern freigesetzt werden; sie entweichen bei Druck massenweise in Form von Wölkchen. Das **Fleisch** im Fruchtkörper ist in der Jugend weißlich, später gelboliv; schließlich verwandelt es sich in einen olivbrauen Staub.

Wächst von Juni bis November in Nadel- und Laubwäldern, Parkanlagen und Gebüsch, besonders an trockeneren Rändern. Verträgt gut basische und saure Böden, meidet nur Naßgallen (dort wiederum wächst der ihm ähnliche Geschwänzte Stäubling, *Lycoperdon caudatum*). Kommt in der Tiefebene bis hin zum Bergland vor, in den Alpen bis zu einer Höhe von 2200 ü. NN, überall häufig.

Solange das Fruchtfleisch innen weißlich ist, **kann es gegessen werden;** man bereitet es z.B. mit Eiern wie Schweinshirn zu.

Beutel-Stäubling [31] *(Calvatia excipuliformis)*

Der Fruchtkörper ist meist stielkolbig oder keulenförmig, an der Oberfläche körnig bis spreuig, auch mit niedrigen bis relativ hohen weichen Stacheln, bisweilen mit sternförmig angeordneten Stachelgruppen. Öffnet sich im Alter nicht durch ein kleines Loch wie bei der vorigen Art, sondern zerfällt; dabei bröckelt nach und nach der ganze Scheitelteil ab.

Der **Fruchtkörper** ist 50–150 mm hoch und im oberen kugligen Teil 30–70 mm, im Stielteil 20–40 mm breit. Die typischsten Formen sind stielkolbig (auf dem Foto der größere Pilz) oder keulenförmig (der kleinere Stäubling), seltener auch beutel- oder eiförmig oder zylindrisch. Sehr unterschiedlich ist der obere Teil des Fruchtkörpers (siehe die Eingangscharakteristik). Die Stacheln oder Körner fallen mit der Zeit ab und sind in der Jugend weißlich oder gelblich, im Alter bräunlich. Der **Stiel** ist oft runzelig. Das **Fruchtfleisch** ist in der Jugend weißlich, später gelbgrün, porig und elastisch und verwandelt sich beim Reifen der Sporen in einen schwarzbraunen Staub.

Wächst von Juli bis Oktober in Laub- und Nadelwäldern sowie an ihren grasigen Rändern. Bevorzugt nährstoffreiche feuchte Böden, verträgt aber auch ärmeren und trokkeneren Untergrund gut. Kommt recht häufig in der Tiefebene und in Hügellandschaften vor, seltener im Gebirgsvorland.

Solange das Innere weißlich ist, kann man den Pilz **essen.**

31

32

Riesenbovist [32] *(Langermannia gigantea)*

Leicht zu erkennen am riesigen, ballförmigen Fruchtkörper mit glatter Oberfläche. Der **Fruchtkörper** erreicht einen Durchmesser von 150–500 mm, ist kugelig bis breit ellipsoid (an den Polen abgeflacht), sitzt ohne Stiel auf dem Erdboden und ist durch Myzelstränge mit dem Substrat verbunden. Die Haut ist nur 1–2 mm stark, glatt oder leicht bemehlt und anfangs weiß, nimmt mit wachsendem Alter aber eine gelbliche, ockerfarbene bis braune Schattierung an und platzt unregelmäßig auseinander. Oben auf dem Fruchtkörper entsteht keine Öffnung zur Freisetzung der Sporen, sondern er zerbricht überaltert nach und nach in Stücke, die sich brockenweise ablösen. Das **Fruchtfleisch** ist wattig, elastisch, ziemlich lange weiß und von markantem angenehmen Geruch und Geschmack, später gelblich bis olivbraun, schließlich wird es zu einem olivbraunen bis braungrauen Sporenstaub.

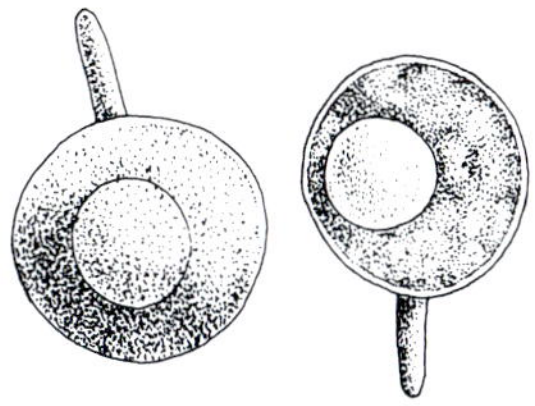

Sporen

Wächst von Juni bis Oktober auf Wiesen, Weiden und grasigen Wegrändern, in Gärten und Parkanlagen, weniger häufig auch auf Streu unter Laubbäumen. Zeigt sich vor allem nach ausgiebigeren Regenfällen in Gruppen oder einzeln. Sucht sich Böden mit hohem Stickstoffgehalt aus. Kommt in der Tiefebene bis hin zum Bergland vor. Gehört zu den selteneren Pilzen. Der bisher größte bekannte Fruchtkörper wurde in der Tschechischen Republik gefunden; er maß 212 cm im Umfang, wog 20,8 kg und war fünfzehn Tage alt.

Mit einem rein weißen Innern ist der Pilz **eßbar** und köstlich; er wird nach dem Entfernen der Haut in Scheiben geschnitten und gebraten.

Getäfelter Stäubling [33] *(Calvatia utriformis)*

Kleiner als die vorige Art und hat keine glatte Oberfläche, sondern ist filzig-körnig bis runzelig.

Der **Fruchtkörper** ist entweder breit birnenförmig oder kugelig, 60–150 mm hoch und 50–130 mm dick, oder abgeflachter und niedriger, in der Jugend leicht filzig bis körnig und weißlich, später mit abfallenden pyramidenförmigen Warzen bedeckt; er wird nach und nach dunkler bis grauocker oder braun, und der obere Teil zerfällt im Alter. Das **Fruchtfleisch** ist in der Jugend weißlich, später gelblich, oliv-bräunlich bis dunkelbraun. Wächst von Mai bis Oktober auf Weiden oder in grasreichen Wäldern und ist häufig. **Mit einem weißen Fruchtfleisch** ist der Pilz **eßbar** und schmackhaft und für Schnitzel geeignet.

33

Halskrausen-Erdstern [34] *(Geastrum triplex)*

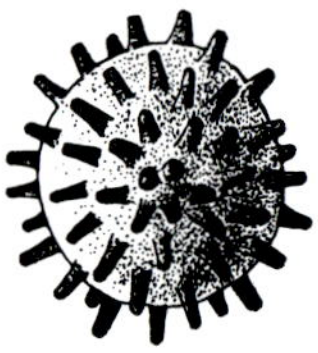

Spore

Von den mehr als zwanzig europäischen Arten von Erdsternen ist er der größte und fleischigste und unterscheidet sich von allen anderen vor allem durch einen breiten Kragen, der von der abgelösten Schicht der äußeren Peridie gebildet wird.

Der **Fruchtkörper** ist in der Jugend geschlossen, schmal zwiebelförmig, 40–60 mm breit und am Scheitel mit der Spitze etwa 10 mm hoch; bei trockenem Wetter ist er hellbraun, bei feuchtem dunkelbraun. Die äußere Peridie platzt in vier bis sieben ocker-gräuliche, etwa 3 mm dicke Zipfel auf. Die kuglige Gleba mit den Sporen hat eine kraterförmige Mündung, die ein kleiner Hof deutlich umsäumt. Um die Gleba herum löst sich die Peridie mit der Zeit ab und nimmt die Form eines breiten Kragens an.

Wächst von März bis November in trockeneren Laubwäldern, hauptsächlich unter Buchen, Hainbuchen und Akazien. Bevorzugt lehmig-sandige, stickstoffreiche Böden, verträgt aber auch einen basischen und sauren Untergrund. Kommt nicht allzu häufig in der Tiefebene bis hin zu den Vorgebirgs-Vegetationszonen vor.

Ungenießbar.

34

35

Kartoffelbovist [35] *(Scleroderma citrinum)*

Der Fruchtkörper ist knollig, am Schnitt nierenförmig, an der Oberseite geschuppt und cremefarben bis lederbräunlich, innen schwarzviolett bis schwarz.

Der **Fruchtkörper** ist 30–120 mm breit und 20–70 mm hoch, hat in der Jugend eine eher kugelige Form, später ist er länglich, knollig bis nierenförmig, unten mit einem kurzen Büschel feiner Fasern des Pilzgeflechts. Die Peridie ist stark und aufgesprungen zu Schuppen, kleinen unregelmäßigen Feldern oder Warzen, cremefarben, schmutziggelb bis lederbraun. Das **Fruchtfleisch** ist zuerst weiß, später schwarzviolett bis schwarz und sehr aromatisch; im Alter verwandelt es sich in einen mohngrauen bis graugrünen Sporenstaub.

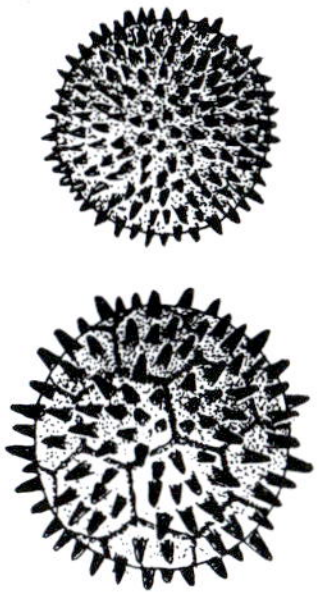

Sporen

Wächst von Juni bis November in Laub- und Nadelwäldern, vor allem unter Buchen, Birken, Kiefern und Fichten, immer nur auf sauren Böden und gewöhnlich in Gruppen. Kommt in der Tiefebene bis hin zum Gebirgsvorland vor, stellenweise sehr häufig.

Schwach giftig.

36

Kapitel 4

PILZE OHNE BLÄTTER

Die Gruppe der blätterlosen Ständerpilze, fachliche Bezeichnung Aphyllophorales, *umfaßt Dutzende Familien mit vielen hundert Arten von Boden- und Baumpilzen. Sie ist sehr differenziert in bezug auf Form und Charakter der sporenbildenden Schicht (Hymenophor, volkstümlich „Futter") – gehören zu ihr doch der populäre Pfifferling mit leistenförmigem Hymenophor, die Herkuleskeule mit glattem Hymenophor, der Stoppelpilz mit Stacheln an der Unterseite des Hutes sowie jeder Porling mit röhrenförmigem Hymenophor.*

Unter den Nichtblätterpilzen finden wir die Urahnen aller hutförmigen Röhren- und Blätterpilze. Erstaunlicherweise sind unter ihnen auch eßbare und schmackhafte Arten. Bis auf geringe Ausnahmen brauchen wir bei dieser Gruppe keine giftigen Exemplare zu fürchten, was das Sammeln vereinfacht.

Starkriechender Pfifferling [36] *(Cantharellus xanthopus)*

Er hat einen gewellten braunen Hut, einen orangegelben hohlen Stiel und gelbliche oder fleischfarbene Adern an der Unterseite des Hutes.

Der **Hut** ist 30–70 mm breit und zunächst eingedrückt, bald aber trichterförmig, am Rand gewellt und gekräuselt, über dem Stiel durchbohrt, an der Oberseite eingewachsen faserig bis leicht geschuppt, doch mit der Zeit kahl werdend, dünnfleischig, trocken, matt und ocker- bis dunkelbraun. An der Unterseite ist er anfangs fast glatt, später mit niedrigen, querverbundenen und weitzusammenlaufenden Leisten oder Adern bedeckt, die cremefarben, gelblich, fleischfarben oder orangegelb und im Alter weißbereift sind. Der **Stiel** ist 30–90 mm lang und 5–12 mm stark, nach oben zu verbreitert und an der Basis verengt, sonst unregelmäßig zylindrisch, öfter aber eingedrückt, hohl und gold- bis orangegelb. Das **Fruchtfleisch** ist dünn, weich, faserig und weißlich, von zartem Geschmack und intensivem süßlichen Geruch, der an Mirabellen erinnert; im Alter hat es aber keinen angenehmen Geruch.

Wächst von August bis Anfang November in Nadelwäldern, hauptsächlich unter Fichten, aber auch Buchen. Bevorzugt feuchte, moosbewachsene Böden auf kalkreichem Untergrund. Kommt in Vorgebirgs- und Bergregionen, seltener in Hügellandschaften vor, stellenweise häufig. Wächst gewöhnlich haufenweise.

Eßbar und schmackhaft, hat aber wegen seines sporadischen Vorkommens keine größere Bedeutung.

Echter Pfifferling oder **Eierschwamm** [37] *(Cantharellus cibarius)*

Wir erkennen ihn an den gelblichen Schattierungen von Hut und Leisten sowie am würzigen Geschmack des weißlichgelben Fruchtfleisches.

Der **Hut** ist 20–80 mm breit, anfangs leicht gewölbt oder flach und im Alter trichterförmig, gelblich, dotter- bis orangegelb. Die Leisten an der Unterseite des Hutes zeigen

37

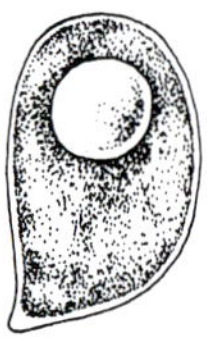

Spore

die gleichen Farbschattierungen und laufen weit am Stiel herab. Der **Stiel** mißt 30–70 mm Höhe und 7–20 mm Dicke und ist gelb. Das **Fruchtfleisch** ist fest und nur selten madig; es hat einen schwach pfirsichartigen Geruch und nach längerem Kauen einen würzigen Geschmack.

Wächst von Mai bis November in Laub- und Nadelwäldern, stellenweise noch häufig, ist aber in den meisten Gegenden auf dem Rückzug. Kommt in der Tiefebene bis hin zum Gebirgsvorland vor.

Ausgezeichneter Speisepilz, der sich frisch für jegliche Zubereitung eignet, ebenso zum Einlegen in Essig. Reife Fruchtkörper mit zäherem Fleisch empfehlen wir vor der Küchenverarbeitung zu zerstampfen.

Trompeten-Pfifferling [38] *(Cantharellus tubaeformis)*

Seine Unterscheidungsmerkmale sind herablaufende schmutziggelbe, später graubereifte Leisten, ein graubrauner Hut und ein ockergelber, im Alter braun werdender Stiel.

Der **Hut** ist 25–60 mm breit, eingedrückt bis trichterförmig, am Rand gewellt und im Alter mit durchbohrter Mitte. Bei feuchtem Wetter färbt er sich dunkelgraubraun, bei trockenem ockerbraun, an der Unterseite mit herablaufenden, querverbundenen Leisten bedeckt, die zuerst schmutziggelb und später graubereift sind. Der **Stiel** mißt 40 bis 70 mm Höhe und 5–12 mm Dicke und ist zylindrisch oder zusammengedrückt, im Reifezustand hohl, zuerst gelbocker, im Alter graubraun. Das **Fruchtfleisch** ist dünn, weich, faserig und weißlich, am Rand gelblich oder gräulich und von schwachem Geruch und mildem Geschmack.

Wächst von Ende Juli bis Anfang Dezember in feuchten, moosigen Fichtenwäldern, bisweilen auch unter anderen Nadel- oder Laubbäumen sowie auf morschem Holz. Bevorzugt saure Böden in Vorgebirgs- und niederen Gebirgslagen und ist stellenweise häufig.

Eßbar und schmackhaft, frisch verwendbar und auch zum Einlegen in Essig geeignet.

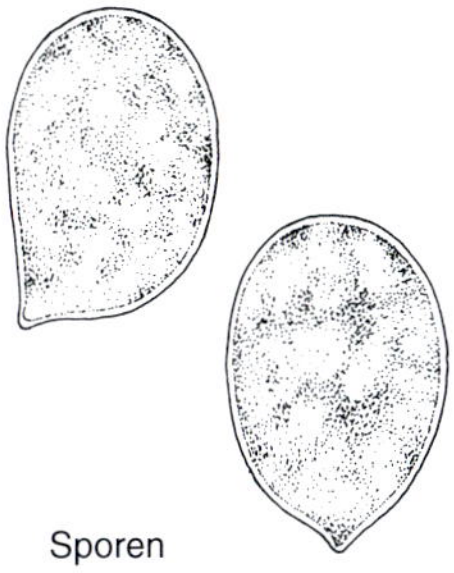

Sporen

38

39

Samtiger Pfifferling [39] *(Cantharellus friesii)*

Gekennzeichnet durch eine Gelborange- bis Rotorangefärbung des Hutes und Stiels; die Leisten sind blasser, besonders im Reifezustand.

Der **Hut** ist 20–50 mm breit und in der Jugend gering gewölbt, bald jedoch trichterförmig, am Rand gewellt und dünnfleischig, anfangs leicht samtig und später kahl, am Rand gelborange, in der Mitte rotorange. Hat an der Unterseite Leisten, die weit am Stiel herablaufen; die Leisten sind dick, mit stumpfer Spitze und gegabelt, in der Jugend orangerosa, im Reifezustand orange-cremefarben. Der **Stiel** ist 20–40 mm hoch und 5–8 mm dick, fest, voll und im Alter hohl, gefärbt wie der Hut oder heller und an der Basis bis gelblich. Das **Fruchtfleisch** ist dünn, faserig und etwas brüchig, am Hut hellorange und am Stiel gelblich, von sehr schwachem Obstgeruch; der Geschmack ist säuerlich und etwas scharf.

Wächst von Juli bis Oktober unter Buchen, Eichen und Haselnußsträuchern auf sauren Böden. Kommt in Hügellandschaften und im Gebirgsvorland vor.

Ist **eßbar**, hat aber wegen seiner Seltenheit für die Ernährung keine größere Bedeutung.

Toten- oder **Herbsttrompete** [40] *(Craterellus cornucopioides)*

Hat einen geschuppten, trichterförmigen Hut, der in der Mitte immer offen ist und allmählich in den röhrenförmigen Stielteil übergeht.

Der **Hut** ist 20–70 mm breit und am Rand nach unten gebogen, gewellt bis wulstig, dünnfleischig, hygrophan und geschuppt, bei feuchtem Wetter schwärzlich und bei trockenem dagegen graubraun, an der Unterseite bereift und grau-bräunlich. Der **Stiel** mißt 40–120 mm Höhe und 6–30 Dicke mm und ist oben immer am breitesten, hohl, glatt oder runzelig, graubräunlich oder bis ins Violette spielend, im Alter mit weißlichem

Porenstaub bedeckt. Das **Fruchtfleisch** ist dünn und ziemlich zäh, im Frischzustand elastisch, nach dem Trocknen aber brüchig und grauschwarz, von angenehmem Geruch und unauffälligem Geschmack.

Wächst von August bis November in Gruppen oder Büscheln in Laubwäldern, vor allem unter Buchen und Eichen. Kommt in der Tiefebene bis hin zum Gebirgsvorland vor, stellenweise häufig.

Ist **eßbar** und sehr schmackhaft, eignet sich zur Frischzubereitung und zum Trocknen und wird für Suppen, Saucen und andere Gerichte verwendet.

40

41

Gelbe Herkuleskeule [41] *(Clavariadelphus flavo-immaturus)*

Wir erkennen sie am keulenförmigen gelben bis ockerfarbenen, im Alter nicht braun werdenden Fruchtkörper.

Der **Fruchtkörper** ist 50–100 mm hoch und 6–30 mm breit, in der Jugend fast zylindrisch oder schmal keulenförmig, im Reifezustand gewöhnlich ausgesprochen keulenförmig, oben gerundet und leicht runzelig. Der Fruchtteil mit der Sporenhülle, die die ganze Oberfläche außer der Basis bedeckt, ist zitronen- bis ockergelb und im Alter ohne braune oder violette Schattierungen. Der untere Nicht-Fruchtteil ist immer heller und gewöhnlich weißlich-gelblich. Das **Fruchtfleisch** ist weißlich und verändert am Schnitt nicht die Farbe; es ist fast geruchlos, und der Geschmack ist bitter.

Wächst von August bis Oktober unter Eichen, Buchen und Kiefern. Bevorzugt sandige Böden und ist sehr selten. Wurde erstmals in Südfrankreich gefunden. Die abgebildeten Fruchtkörper stammen aus der Slowakei und wurden in einem Kiefern- und Buchenwald 560 m ü. NN gesammelt.

Ungenießbar. Da es sich um eine seltene Art handelt, verdient jeder Fundort einen wirksamen Schutz.

Abgestutzte Herkuleskeule [42, 43] *(Clavariadelphus truncatus)*

Ein zuverlässiges Unterscheidungsmerkmal dieser Art ist der keulenförmige, oben abgestutzte Fruchtkörper.

Der **Fruchtkörper** ist 60–150 mm hoch, im unteren Teil 10–20 mm breit und im oberen 30–60 mm, in der Regel keulenförmig, oben abgestutzt und flach oder leicht vertieft, anfangs teils gespalten und in der Jugend an der ganzen Oberseite glatt, später an den Seiten länglich runzelig oder bucklig, am Scheitel bis hirnartig runzelig, gelblich-

42

43

ocker, orangefarben bis fleisch-rötlich, im Reifezustand mit einem violetten Schimmer auf dem ganzen Fruchtteil. Das **Fruchtfleisch** ist anfangs faserig, später wattig und ziemlich weich, weißlich bis hellocker und am Schnitt schwach braunviolett, von zartem angenehmen Geruch und süßlichem Geschmack.

Wächst von August bis November in Nadelwäldern, vor allem unter Fichten. Ist an kalkreiche Böden gebunden. Kommt in Hügellandschaften vor – bis hin zum Bergland, meist im Gebirgsvorland, gehört aber zu selteneren Arten.

Ist **eßbar** und wird Pilzmischungen beigefügt, die frisch zubereitet werden, hat aber wegen seines seltenen Vorkommens keine größere Bedeutung.

Krause Glucke oder **Fette Henne** [44] *(Sparassis crispa)*

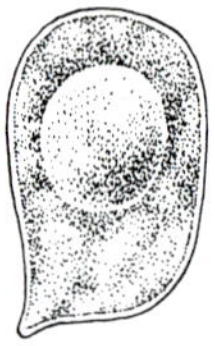

Spore

Der Fruchtkörper besteht aus einer großen Anzahl zusammengewachsener Ästchen, die an den Enden blattförmig abgeflacht und gewellt sind.

Der **Fruchtkörper** ist 80–300 mm breit und 50–200 mm hoch, bisweilen auch größer und gewöhnlich mit einer Masse von 500–1500 g, unregelmäßig oval bis kugelförmig und aus Ästchen mit blattförmig abgeflachten und gekräuselten Enden zusammengesetzt. Die Ästchen sind in der Jugend hell cremefarben, später ockergelb bis gelbbraun und wachsen aus einer starken schwärzlichen gestielten Basis heraus, die oft tief in der Erde steckt und mit starken Baumwurzeln verbunden ist. Das **Fruchtfleisch** der Ästchen ist dünn und recht zäh, elastisch, wachsartig und hell cremefarben, an der Basis dick, weich und geschmeidig, wäßrig marmoriert, von angenehmem würzigen Geruch und nußartigem Geschmack.

Wächst von Juli bis November an Kiefernstämmen, bisweilen auch an Fichten, Tannen und Lärchen. Ist dem Standort treu und kann mehrere Jahre lang am gleichen Stamm gefunden werden. Lebt meist parasitisch, d.h. auf lebenden Wurzeln von Nadelbäumen, oder als Saprophyt auf abgestorbenen Wurzeln. Kommt in der Tiefebene und in Hügellandschaften vor, ausnahmsweise auch im Gebirgsvorland, jedoch nirgends allzu häufig.

Delikater Pilz, der sich vor allem für Suppen eignet, doch verlangt er eine längere Warmzubereitung. Hält sich nach dem Sammeln an einem kühlen Ort zwei bis drei Tage. Vor der Verarbeitung wird die Erde sorgfältig herausgewaschen.

44

45

Goldgelbe Koralle [45] *(Ramaria aurea)*

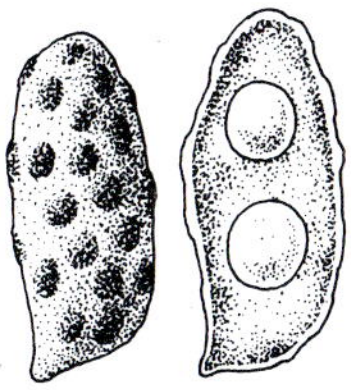

Sporen

Der Fruchtkörper ist strauchförmig und reich verästelt, meist okkergelb. Läßt sich von ähnlichen Arten nur unter dem Mikroskop unterscheiden.

Der **Fruchtkörper** ist 50–200 mm breit, 50–120 mm hoch und recht massiv. Er besteht aus einer großen Anzahl kurzer, relativ starker und dicht gruppierter Ästchen, die meist gold- oder ockergelb und im Alter bis ockerfarben sind. Die Enden der Ästchen sind in der Jugend heller, zitronengelb; später werden sie dunkler wie die anderen Außenteile. Das **Fruchtfleisch** ist verhältnismäßig zäh und creme-weißlich, unter der Haut gelblich, wäßrig marmoriert und verändert am Schnitt nicht die Farbe, riecht würzig und hat einen milden Geschmack, an den Zweigenden jedoch bitterlich.

Wächst von August bis Oktober in Laub- und Nadelwäldern, vor allem unter Buchen, und ist nicht häufig.

Ist **in der Jugend eßbar** und für Suppen geeignet, nur werden die bitterlichen Zweigenden abgeschnitten. Das Fruchtfleisch ist besser verdaulich, wenn man es zerstampft. Obwohl dieser Pilz recht schmackhaft ist, kann er nicht allgemein zum Sammeln empfohlen werden, denn die Pilzsucher unterscheiden meist nicht die einzelnen Arten der Gattung *Ramaria*, von denen in Europa rund vierzig vorkommen und einige schwach giftig sind (sie verursachen Magenbeschwerden und Durchfall).

46

Habichts- oder **Rehpilz** [46] *(Sarcodon imbricatus)*

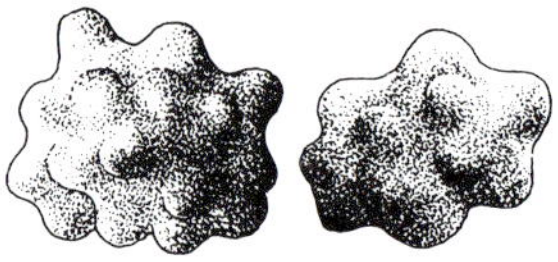

Sporen

Er hat auffallend große Schuppen, durch die er sich von den anderen fünfzehn europäischen Vertretern der Gattung *Sarcodon* unterscheidet.

Der **Hut** ist 50–200 mm breit, in der Mitte eingedrückt und auf flachsbraunem Untergrund von großen abstehenden, konzentrisch angeordneten Schuppen bedeckt, die dunkelbraun bis braun-schwärzlich und am Rand kleiner und heller sind. An der Unterseite des Hutes sind zerbrechliche, 5–10 mm lange Stacheln, die am Stiel herablaufen. Sie sind in der Jugend weißlich oder grau-bräunlich und im Alter braun bis purpurbraun. Der **Stiel** ist 30–70 mm hoch und 10–30 mm dick, zylindrisch bis keulenförmig, voll, fest und hart, an der Oberfläche samtig, matt und in der Jugend weißlich, später graubraun. Das **Fruchtfleisch** ist fleischig und fest, anfangs brüchig, später lederartig zäh und trokken, grauweiß bis bräunlich, von würzigem Geruch und leicht bitterem bis bitterem Geschmack (die Bitterkeit steigert sich mit zunehmendem Alter).

Wächst von August bis November in Nadelwäldern, vor allem unter Fichten und Kiefern und oft in zahlreichen Gruppen, ausnahmsweise in kleineren Büscheln. Kommt in der Tiefebene bis hin zum Gebirgsvorland vor, stellenweise recht häufig. Bevorzugt saure Böden, ist aber auch auf einem basischen, kalkhaltigen Untergrund zu finden.

Die jungen Fruchtkörper, die nicht bitter sind, lassen sich frisch für Suppen verwenden, die älteren sind gewöhnlich zu zäh und bitter.

47

Rotgelber Stoppelpilz [47, 48] *(Hydnum rufescens)*

Seine Unterscheidungsmerkmale sind fuchsrote Schattierungen am Hut, helle Stacheln an seiner Unterseite und ein gefleckter Stiel.

Der **Hut** ist 30–80 mm breit, in der Jugend höher gewölbt und am Scheitel flach, später geringer gewölbt oder in der Mitte bis leicht vertieft und gewunden, am spitzen Rand gewellt, anfangs samtig, dann kahl, matt und oft bereift, gewöhnlich braunorange oder rostrot. Die Stacheln an der Unterseite des Hutes sind ca. 5 mm lang, dicht und brüchig, oftmals leicht am Stiel herablaufend und gelborange. Der **Stiel** mißt 30–70 mm Höhe und 10–20 mm Dicke und ist zylindrisch bis keulenförmig, voll, glatt und weißlich, stellenweise mit gelblich-orangefarbenen Flecken und an Druckstellen vergilbend. Das **Fruchtfleisch** ist hart und brüchig, weißlichgelblich bis rostrot, geruchlos und von mildem oder bitterem Geschmack.

Wächst von Juli bis November in Nadel- und Laubwäldern, von der Tiefebene bis hin zum Gebirgsvorland. Die **jüngeren Fruchtkörper** sind **eßbar**; man fügt sie Pilzmischungen bei, die frisch zubereitet werden, oder legt sie in Essig ein.

48

49

Dorniger Stachelseitling [49] *(Creolophus cirrhatus)*

Die Fruchtkörper wachsen gewöhnlich dachartig übereinander; an der Unterseite sind sie von ziemlich langen Stacheln bedeckt.

Der **Hut** ist 50–150 mm breit und seitlich angewachsen, muschel- oder fächerförmig und gewellt, mit umgebogenem Rand, fleischig und am Rand spärlich mit kurzen weichen Stacheln bedeckt, creme- oder blaßockerfarben, am Rand bis orangebraun. Die Unterseite des Hutes bedecken creme- bis blaßockerfarbene Stacheln, die 5–15 mm lang sind. Das **Fruchtfleisch** ist dick und in der Jugend weich und elastisch, im Alter hart und weißlich, mitunter bis cremefarben, von angenehmem Pilzgeruch und mildem Geschmack.

Wächst von Juli bis Oktober am Holz von Laubbäumen, hauptsächlich Buchen, Eichen, Birken und Weiden. Kommt in der Tiefebene bis hin zum Gebirgsvorland vor, aber ist überall ziemlich selten.

Ist **in der Jugend eßbar**; alte Fruchtkörper sind unverdaulich.

Ästiger Stachelbart [50, 51] *(Hericium clathroides)*

Der Fruchtkörper setzt sich aus vielen Zweigen zusammen, die in ihrer ganzen Länge von kammartig angeordneten Stacheln bedeckt sind. Wächst hauptsächlich an Buchen.

Der **Fruchtkörper** ist meist unregelmäßig kugelig, 80–300 mm im Durchmesser, und besteht aus einer großen Anzahl von Zweigen, die dicht mit weichen, 10–15 mm langen Stacheln besetzt sind. Diese sind in kammartigen Reihen angeordnet, nicht in Büscheln wie bei der ähnlichen Art *Hericium flagellum*, die an Tannenholz wächst. Die Stacheln sind anfangs weiß, dann cremefarben und im Alter an den Enden ockerfarben bis bräunlich. Das **Fruchtfleisch** ist im Frischzustand weiß und brüchig, von zartem Geruch

50

51

und mildem Geschmack.

Wächst von Juli bis Oktober an abgestorbenen Buchen, selten auch an anderen Laubbäumen oder an lebendem Holz, von der Tiefebene bis hin zum Gebirgsvorland, ist jedoch nicht häufig.

Eßbar und für Pilzmischungen geeignet.

Die Zweiglein junger Fruchtkörper sehen wie Korallen aus

Gallertfleischiger Fältling [52] *(Merulius tremellosus)*

Der Fruchtkörper ist zäh und gallertartig, an der Oberseite weiß und filzig, an der Unterseite geblich bis dunkelorange und runzelig.

Die **Fruchtkörper** sind 40-100 mm breit und wachsen oft zu langen Streifen zusammen; sie haben meist abstehende muschelförmige Hütchen, die ledrig gallertartig und elastisch sind, etwa 2 mm dick, an der Oberseite weiß bis gräulich und mit grobem Filz bedeckt. Unten haben sie dichte, gekräuselte, strahlenförmig angeordnete und querverbundene Falten, die nach und nach dunkler werden, von gelblich über semmelfarben bis orangerot. Das Fruchtfleisch ist gallertartig und zäh und im Trockenzustand knorpelig.

Wächst von September bis November an abgestorbenem Holz von Laub-, selten auch von Nadelbäumen. Kommt in der Tiefebene vor, bis hin zum Gebirgsvorland, fast überall häufig.

Ungenießbar.

52

53

Weißrandiger Kammpilz [53] *(Phlebia centrifuga)*

Die Fruchtkörper sind zerlaufen und runzelig, anfangs blaß, dann dunkler werdend, am Rand heller, weißlich oder rosa.

Die **Fruchtkörper** bilden auf dem Holz unregelmäßige Beläge, die oft mehrere Dezimeter lang sind, an der Oberseite dicht strahlenförmig runzelig, im Frischzustand weißlich oder gräulich, dann gelbocker bis bräunlich, oft mit grauvioletten, rosa oder brauen Flecken und am Rand weißlich, rosa bis hell karminrot. Das Fruchtfleisch ist im Frischzustand saftig, ziemlich zäh und geschmeidig, im Trockenzustand hart.

Wächst von August bis November an Rinde und Holz abgestorbener Nadelbäume, vor allem von Fichten und Tannen, in Vorgebirgs- und Bergregionen. Die seltene Art, kommt häufiger nur in natürlichen Waldgemeinschaften vor.

Ungenießbar.

54

Grauer Rußporling [54] *(Boletopsis leucomelaena)*

Seine charakteristischen Merkmale sind ein fleischiger Fruchtkörper, ein rauchgrauer Hut, weißliche bis graue Röhren und Poren sowie ein dunkler Stiel.

Der **Hut** ist 50–150 mm breit, gewölbt und gewellt, in der Jugend mit nach unten gebogenem Rand, an der Oberseite wurzelfaserig bis seidig, aschgrau oder schwarzbraun, an der Unterseite mit sehr kurzen Röhren, die am Stiel herablaufen; ihre Poren sind klein und weißlich bis gräulich. Der **Stiel** ist 40–80 mm hoch, 15–30 mm dick und unten verengt, an der Oberfläche filzig bis fein geschuppt und gräulich, bisweilen olivbräunlich. Das **Fruchtfleisch** ist ziemlich weich und weißlich, am Schnitt verfärbt es sich meist rosa und dann grau; der Geruch ist unauffällig und der Geschmack mild oder bitter.

Wächst von August bis November in Vorgebirgs- und Gebirgs-Nadelwäldern, mitunter auch in der Tiefebene und in Hügellandschaften, ist aber ziemlich selten.

Die Fruchtkörper sind, sofern sie nicht bitter schmecken, **genießbar**.

Schafeuter oder **Schafporling** [55] *(Albatrellus ovinus)*

Dieser Erd-Porenpilz hat sehr kurze Röhren und einen sichtbaren weißlichen Stiel.

Der **Hut** ist 40–120 mm breit, gewölbt bis leicht eingedrückt und gewunden, fleischig, oft felderig aufgesprungen und weißlich, zitronengelb oder ockerfarben; hat an der Unterseite Röhren, die am Stiel herablaufen und in weißlichen Poren enden, die sich bei Druck gelblich verfärben. Der **Stiel** mißt 20–60 mm Höhe und 10–30 mm Dicke und ist von unterschiedlicher Gestalt, voll und weißlich. Das **Fruchtfleisch** ist hart und weißlich bis gelblich, von angenehmem Geruch und Geschmack.

Wächst von Mai bis Oktober in Nadelwäldern, vor allem unter Fichten und Kiefern, in Vorgebirgslandschaften und Gebirgs-Vegetationszonen, oft in Gruppen, stellenweise häufig. Die **jungen saftigen Fruchtkörper** sind **eßbar**.

55

Häutiger Schillerporling [58] *(Inonotus cuticularis)*

Wir erkennen ihn an der orangebraunen bis dunkel kastanienbraunen behaarten Haut, in der Jugend auch an der weißbereiften Mündung der Röhren.

Die **Hüte** sind 40–220 mm breit, bis 40 mm dick und stehen 30–120 mm von Substrat ab; sie sind konsolenförmig, über- oder nebeneinander gruppiert und an der Oberseite behaart, in der Jugend lebhaft gefärbt, orange- bis kastanienbraun, im Alter dunkler. Die Röhren an der Unterseite des Hutes haben die Poren in der Jugend gelblich und weiß bereift, später ockerfarben bis dunkelbraun. Das **Fruchtfleisch** ist faserig und anfangs saftig, mit zunehmendem Alter und im Trockenzustand aber hart, mit rotbraunen Schattierungen.

Wächst von Juli bis November am Holz von Laubbäumen, vor allem Buchen, Eichen und Ahorn. Kommt in der Tiefebene bis hin zum Gebirgsvorland vor, meist in Hügellandschaften, und im Bereich der wärmeliebenden Flora ziemlich häufig.

Ungenießbar.

56

57

Rotporiger Feuerschwamm [57] *(Phellinus torulosus)*

Der Hut ist mächtig, seitlich ans Holz gewachsen und an der Oberseite bucklig und fuchsrot.

Der **Hut** ist 150–300 mm breit, 10–30 mm dick und 30–100 mm vom Substrat abstehend, muschelförmig und an der Oberseite filzig, am Rand bis zottig, orangebraun, fuchsrot oder braun, im Alter bis rotbraun, oft grün von Algen und an der Unterseite mit kurzen Röhren, die sehr kleine rötlich-braune Poren haben. Das **Fruchtfleisch** ist faserig, korkartig und hart, gelb bis rostbraun.

Wächst das ganze Jahr über an lebenden und abgestorbenen Eichen, bisweilen auch an anderen Laub- oder Nadelbäumen, vor allem an der Basis der Stämme und auf Stümpfen. Kommt in der Tiefebene und in Hügellandschaften vor, jedoch nur im Bereich der wärmeliebenden Flora, jedoch nirgends häufig.

Ungenießbar.

58

Glänzender Lackporling [58] *(Ganoderma lucidum)*

Gekennzeichnet durch einen glänzenden, gleichsam lackierten braunroten Fruchtkörper.

Der **Hut** ist 40–300 mm breit und 15–30 mm dick, nierenförmig bis rund und mit glatter, glänzender Haut, anfangs gelblich bis orangegelb, bald jedoch braunrot und im Alter bisweilen mit einem Zusatz von Schwarz; hat an der Unterseite ziemlich lange Röhren mit weißlichen, schließlich bis zimtfarbenen Poren. Der **Stiel** ist immer seitlich, 30–200 mm lang und 10–25 mm dick, hart und glänzend, gefärbt wie der Hut, doch fast immer auch mit einer Purpurschattierung. Das **Fruchtfleisch** ist faserig und sehr zäh, weißlich bis ocker.

Wächst von Mai bis Oktober an den Wurzeln, Stümpfen und am Fuß abgestorbener Eichen, manchmal auch an anderen Laub- oder an Nadelbäumen, bisweilen auch an lebendem Holz. Kommt in der Tiefebene bis hin zum Gebirgsvorland vor, in Hügellandschaften häufig. **Ungenießbar**.

59

Leberpilz oder **Ochsenzunge** [59, 60] *(Fistulina hepatica)*

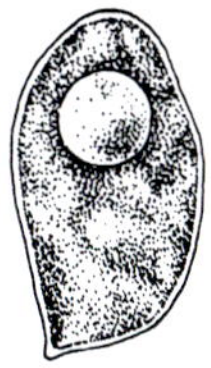

Spore

Charakterisiert durch eine leberartige Konsistenz des frischen Fruchtfleisches, aus dem nach dem Anschneiden blutroter Saft fließt.

Der **Fruchtkörper** hat einen Durchmesser von 100–200 mm und eine Dicke von 20–50 mm, ist zungen-, nieren- oder halbkreisförmig und seitlich oder durch einen kurzen seitlichen Stiel mit dem Substrat verbunden. An der Oberseite ist er meist rotbraun, an der Unterseite mit den Röhren heller. Das **Fruchtfleisch** ist in der Jugend sehr saftig und weich, rötlich wie Rauchfleisch, von obstigem Geruch und säuerlichem Geschmack; im Alter wird es hart.

Wächst von August bis Oktober auf den Stümpfen und Stämmen von Laubbäumen, vor allem Eichen. Kommt in der Tiefebene bis hin zum Gebirgsvorland vor, häufiger aber nur im Bereich der wärmeliebenden Flora.

Ist **eßbar** und eignet sich für saure Suppen oder Gulasch, aber auch zum Einlegen in Essig. Verzehrt werden nur junge, noch saftige Fruchtkörper.

60

Fruchtfleisch und Röhren im Schnitt

61

Kaskaden-Knorpelporling [61] *(Skeletocutis odora)*

Der Fruchtkörper ist zerflossen, uneben und mit kaskadenförmigen kleinen Ausbuchtungen, creme- bis ockerfarben und einjährig.

Der **Fruchtkörper** erreicht einen Durchmesser bis 300 mm und eine Dicke von 5–15 mm, ist ungleichmäßig zerflossen, mit mehreren Reihen kaskadenförmiger kleiner Ausbuchtungen. Frisch ist er ziemlich weich bis straff gallertartig, im Alter und bei Trocknung wird er nach und nach hart und spröde. Die Röhren sind 3–10 mm lang, ungleich hoch (gezähnt) und haben kleine bereifte Poren. Der Fruchtkörper ist in der Jugend cremefarben und in einem schmalen Streifen zwischen Frucht- und Nichtfruchtteil weißlich. Die Seitenwände der reifenden Röhren nehmen ockerfarbene Schattierungen an, ihre bereiften Poren bleiben aber heller, cremefarben.

Wächst von Mai bis Oktober, erscheint meist im September. Wir finden ihn an gefallenen Stämmen von Nadelbäumen, hauptsächlich Fichten und Tannen, bisweilen auch am Holz von Laubbäumen. Kommt in Hügellandschaften bis hin zu Bergregionen vor, jedoch selten.

Ungenießbar.

Schwefelporling [62] *(Laetiporus sulphureus)*

Gekennzeichnet durch einen ziemlich fleischigen, in der Jugend saftigen Fruchtkörper, der seitlich an Holz wächst.

Der **Hut** ist 100–300 mm breit und in der Jugend oft knollig, später gewöhnlich halbkreis- oder fächerförmig, runzelig und bereift, gelb-rötlich, gelborange oder ockergelblich und an der Unterseite von einer Schicht sehr kurzer Röhren bedeckt, die kleine schwefelgelbe bis gelbockerfarbene Poren haben. Das **Fruchtfleisch** ist in der Jugend weich und elastisch, im Alter hart und brüchig, gelblich bis weißlich, im Frischzustand von markantem Geruch und säuerlichem Geschmack.

Wächst von Mai bis Oktober an abgestorbenen und lebenden Stämmen von Laubbäumen. Kommt in der Tiefebene bis hin zum Gebirgsvorland häufig vor.

Die **jungen, noch saftigen Fruchtkörper** sind **eßbar**. Man brät sie wie Schnitzel, legt sie in Essig ein oder verwendet sie frisch in verschiedener Zubereitung eingesäuert. Roh sind sie jedoch schwach giftig.

62

63

Klapperschwamm [63, 64] *(Grifola frondosa)*

64

Die **Fruchtkörper** wachsen in Büscheln, 200 bis 300 mm hoch und 300–600 mm breit, mit reich verzweigten Ästchen, die in flachen, fast dachziegelartig angeordneten blattförmigen Hütchen enden. Die einzelnen **Hütchen** sind 40–100 mm breit, in der Jugend elastisch, aber mit zunehmendem Alter verhärtend, graubraun, an der Unterseite mit am Stiel herablaufenden Röhren und kleinen weißlichen Poren ausgestattet. Das **Fruchtfleisch** hat einen mehligen Geruch und angenehmen Geschmack.

Wächst von August bis Oktober am Holz von Laubbäumen und ist in der Jugend **eßbar** und schmackhaft.

Detail vom unteren Fruchtteil (Hymenophor)

65

Eichhase [65, 66] *(Dendropolyporus umbellatus)*

Die Basis dieses büschelig wachsenden Pilzes ist ein starker Stiel, der sich vielfach verästelt und an den Enden etwa 100–200 Hütchen trägt. Das ganze Büschel hat einen Durchmesser von 150–400 mm. Die einzelnen **Hütchen** sind 10–40 mm breit, leicht eingedrückt und geschuppt, gelb- oder graubraun und unten mit Röhren bedeckt, die am Stiel herablaufen. Das **Fruchtfleisch** ist brüchig und weißlich, von angenehmem Geruch und Geschmack.

Wächst von Juli bis Oktober in der Nähe alter Laubbäume in warmen niedrigeren Lagen, jedoch nicht häufig.

Eßbar und schmackhaft.

66

Detail eines Stiels und seines unteren Fruchtteils

67

Riesenporling [67, 68] *(Meripilus giganteus)*

Die Fruchtkörper sind büschelig und wachsen aus einer gemeinsamen knolligen Basis; ihr Fleisch und gedrückte Poren laufen nach und nach schwarz an.

Der **Hut** ist in der Jugend 100–200 mm breit, im Alter bis 400 mm, wobei das ganze Büschel im Durchmesser bis 1 m groß und 10–50 kg schwer wird. Die Hüte sind in der

68

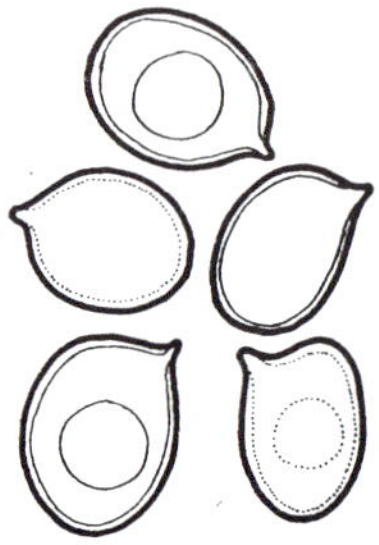

Sporen

Jugend zungen- bis fächerförmig und gelbocker bis bräunlich, später mehr halbkreisförmig, zimt- bis dunkelbraun und körnig bis leicht geschuppt. Die Röhren an der Unterseite des Hutes sind sehr kurz und am Stiel herablaufend, mit cremefarbenen bis ocker-bräunlichen, nach Druck grauschwarzen Poren. Das **Fruchtfleisch** ist in der Jugend dick und saftig, später wird es dünner und ledrig hart; es hat einen markanten angenehmen Geruch und säuerlichen Geschmack.

Wächst von Juli bis November an den Stümpfen und lebenden Stämmen von Buchen und Eichen, manchmal auch an anderen Laubbäumen. Kommt in der Tiefebene bis hin zum Gebirgsvorland vor, stellenweise ziemlich häufig.

Die **jungen, noch weichen und saftigen Fruchtkörper** sind **eßbar** und eignen sich hauptsächlich für säuerlich zubereitete Speisen.

69

Schuppiger Porling [69] *(Polyporus squamosus)*

Dieser Baumpilz ist kenntlich an dem braungeschuppten Hut und der schwarzbraunen Stielbasis.

Der **Hut** ist 80–200 mm breit, kreis-, halbkreis- bis fächerförmig und fest. Die Röhren an seiner Unterseite haben ziemlich große weißliche bis ockerfarbene Poren. Der **Stiel** mißt 30–80 mm Höhe und 20–40 mm Breite, ist aber, wenn die Fruchtkörper aus einer gemeinsamen knolligen Basis herauswachsen, auch breiter (siehe Fotos); in der Jugend ist er braungeschuppt oder samtig, im Alter kahl. Das **Fruchtfleisch** ist in der Jugend ziemlich weich, saftig und elastisch, später zäh und ledrig bis fast holzig, weißlich und in der Jugend von gurkenartigem Geruch und angenehmem Geschmack.

Wächst von Mai bis Oktober einzeln oder in Büscheln an lebenden und abgestorbenen Laubbäumen, vor allem an den Stämmen und Stümpfen, bisweilen auch im Boden an unterirdischen Wurzeln (scheinbar auf der Erde). Kommt recht häufig in der Tiefebene vor bis hin zum Bergland. Die **sehr jungen, noch saftigen Fruchtkörper** sind **eßbar** und eignen sich für Suppen.

Kapitel 5

GERN GESUCHT: SEITLINGE

Keiner der an Holz wachsenden Pilze findet in Europa ein so großes Interesse wie der Seitling, der heutzutage der wichtigste gezüchtete Baumpilz ist. Er war schon zu Zeiten beliebt, als Pilze noch für viele Menschen eine wichtige Quelle der Ernährung darstellten, denn Seitlinge – immer hübsch sauber, leicht zu erkennen, garantiert eßbar und selten madig – wuchsen gewöhnlich haufenweise bis zur Frostperiode, d.h. praktisch bis Weihnachten, wenn es in den Wäldern keine anderen Früchte mehr gab. Auffallend viele Vorzüge verbanden sich also in diesen reizvollen und ergiebigen Pilzen, und so ist es nur natürlich, daß sie heute so beliebt wie damals sind.

Ihre Ausnahmestellung unter den eßbaren Baumpilzen wird auch durch ihre besondere Plazierung im botanischen System unterstrichen: Die meisten Mykologen stellen die Seitlinge zu den echten Porlingen, andere reihen sie in die Nachbarschaft der Röhrlinge oder zu den echten Blätterpilzen ein. Vielleicht bilden sie also eine Brücke zwischen diesen unähnlichen, aber miteinander verwandten Pilzgruppen.

Austern-Seitling [70] *(Pleurotus ostreatus)*

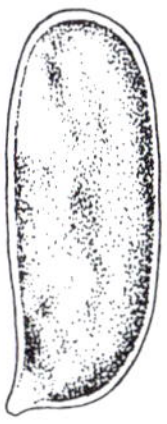

Spore

Zu erkennen an seinem büscheligen Wachstum an Holz, den weit herablaufenden Blättern und dem Vorkommen erst spät im Jahr.

Der **Hut** ist 50–200 mm breit und fleischig, in der Jugend leicht gewölbt, dann ausladend, zungen- bis fächerförmig und meist graubraun, oft mit blauen Schattierungen, bisweilen auch hell und ins Ockerhafte gefärbt. Die **Blätter** sind 3–12 mm hoch, mitteldicht und weit am Stiel herablaufend, elastisch und in der Jugend weißlich, später gräulich. Der **Stiel** ist nur 5–50 mm lang und 10–25 mm dick, gewöhnlich exzentrisch bis seitlich angesetzt und glatt bis längsgerieft, an der Basis und darüber von borstigem Filz bedeckt, weiß bis weißlich. Das **Fruchtfleisch** ist ziemlich dick, saftig und elastisch, im Reifezustand zäh, weißlich und am Schnitt ohne Farbänderung, von angenehmem Geruch und süßlichem Geschmack, im Alter jedoch dumpfig riechend.

Wächst von Mitte Oktober bis Dezember, bei längerem Tauwetter auch im Januar und Februar, am Holz abgestorbener Laubbäume, vor allem von Buchen, Roßkastanien, Birken, Nußbäumen, Pappeln und Weiden, ausnahmsweise auch an Nadelbäumen. Kommt in der Tiefebene bis hin zu Gebirgsgegenden vor, in älteren Wäldern häufig. Läßt sich auch mit Erfolg züchten, am besten auf gepreßtem Stroh.

Ist **eßbar** und in der Jugend sehr schmackhaft. Die älteren Fruchtkörper haben ein zu zähes Fleisch, das nur zerstampft verwendbar ist. Wird gewöhnlich Suppen und Pilzmischungen beigegeben oder in Essig eingelegt. Aus zähen und schwerverdaulichen Fruchtkörpern werden nach dem Zerstampfen z.B. Pilzklößchen zubereitet.

71

Beschleierter Seitling [71, 72] *(Pleurotus calyptratus)*

Wir erkennen ihn am fächerförmigen Hut mit eingewachsen faseriger, gestreifter Haut, hauptsächlich aber am dünnen Schleier, der in der Jugend die Blätter verdeckt.

Der **Hut** ist 30–100 mm breit und hygrophan, weißlich, wäßrig cremefarben bis braungrau, vor allem bei feuchtem Wetter, gestreift mit dunkleren strahlenförmigen Äderchen, oft mit Resten des Schleiers am Rande. Die **Blätter** sind 4–7 mm breit und cremefarben, bisweilen mit einem rosa Schimmer, im Trockenzustand vergilben sie. Der **Stiel** fehlt oder ist sehr kurz und an der Seite.Das **Fruchtfleisch** ist elastisch und weiß, wird mit zunehmendem Alter zäh und bei trockenem Wetter gelblich, es riecht angenehm und schmeckt süßlich.

Wächst von Ende April bis Anfang Oktober an abgestorbenen Stämmen von Pappeln (*Populus tremula, Populus alba*) und kommt in der Tiefebene bis hin zum Gebirgsvorland vor.

Eßbar.

72

Die Blätter sind in der Jugend von einem dünnen, durchsichtigen Schleier bedeckt

73

Löffelförmiger Seitling [73] *(Pleurotus pulmonarius)*

Zu erkennen an den büscheligen, hellgefärbten Fruchtkörpern und ihrem Vorkommen im Sommer.

Der **Hut** ist 50–120 mm breit und in der Jugend schaufel-, dann muschelförmig, glatt, kahl und, ungezont, weißlich, cremefarben oder lederbräunlich, mitunter bis graubraun. Die **Blätter** laufen weit am Stiel herab und sind elastisch, weißlich bis cremefarben, beim Trockenwerden vergilben sie. Der **Stiel** ist entweder exzentrisch, 20–60 mm lang oder seitlich und nur 10–20 mm lang, weißlich und unten filzig. Das **Fruchtfleisch** ist in der Jugend saftig und elastisch, im Alter trockener und ziemlich zäh, im Frischzustand weißlich, von unauffälligem Geruch und süßlichem Geschmack, beim Trockenwerden vergilbt es.

Wächst von Juni bis Anfang Oktober an abgestorbenem und lebendem Holz verschiedener Laubbäume, vor allem Buchen, Eichen, Espen und Weiden. Kommt in der Tiefebene bis hin zum Gebirgsvorland stellenweise häufig vor.

Ist **eßbar** und in der Jugend sehr schmackhaft, eignet sich für jedwede Frischzubereitung und zum Einlegen in Essig.

74

Berindeter Seitling [74] *(Pleurotus dryinus)*

Wir erkennen ihn an der dicken, felderig aufgesprungenen Haut des Hutes und am Schleier, der in der Jugend die Blätter verdeckt.

Der **Hut** ist 40–150 mm breit und fleischig, oft mit Resten des Schleiers, in der Jugend weißlich und im Alter bis bräunlich-grau. Die **Blätter** laufen am Oberteil des Stiels herab und sind weißlich, bei trockenem Wetter vergilben sie; in der Jugend verdeckt sie ein weißlicher wattiger Schleier. Der **Stiel** ist meist exzentrisch und an der Basis spitz zulaufend bis wurzelig, 20–100 mm lang und 10–30 mm dick, mit einem vergänglichen häutigen Ring, voll, zäh und weißlich, nach Druck gelb verfärbend. Das **Fruchtfleisch** ist hart, zäh und weißlich, am Schnitt nach einer gewissen Zeit vergilbend, in der Jugend schwach riechend, dann würzig – an Radieschen oder Fisch erinnernd – und von angenehmem Nußgeschmack.

Wächst von August bis November an lebendem und abgestorbenem Holz von Laub- und Nadelbäumen. Kommt in der Tiefebene bis hin zum Gebirgsvorland vor, jedoch nicht häufig.

Das zähe Fruchtfleisch macht ihn **ungenießbar**, doch kann er in der Suppe ausgekocht oder zu Staub zermahlen und als Würze verwendet werden.

Borstiger Knäuling [75] *(Panus lecomtei, Panus rudis)*

Charakteristisches Merkmal sind die kurzen Borsten an der Oberseite des dickhäutigen Hutes.

Der **Hut** ist 30–80 mm breit und meist trichterförmig, dicht mit harten Borsten bedeckt und zäh, biegsam und in Ockertönen gefärbt. Die **Blätter** sind schmal, weit herablaufend und dicht, semmelfarben und in der Jugend oft mit einem violetten Schimmer überzogen. Der **Stiel** ist sehr kurz oder fehlt ganz, ist behaart und gräulich. Das **Fruchtfleisch** ist ledrig zäh, fest und weißlich, in der Jugend riecht und schmeckt es mehlig, im Alter ist es bitter und etwas beißend.

Wächst von Juni bis Oktober an den Stümpfen von Buchen, Birken, Eichen, Pappeln und anderen Laubbäumen in der Tiefebene bis hin zum Gebirgsvorland. Bevorzugt warme trockenere Stellen, z.B. Lichtungen, ist jedoch nicht häufig.

Ungenießbar.

75

76

Getigerter Sägeblättling [76] *(Lentinus tigrinus)*

Wir erkennen ihn an dem geschuppten trichterförmigen Hut und den vergilbenden Blättern.

Der **Hut** ist 30–80 mm breit und zuerst gewölbt, bald vertieft und schließlich bis trichterförmig, dünnfleischig, ledrig zäh und elastisch, auf cremefarbenem Untergrund dicht mit angedrückten faserigen braunen Schüppchen bedeckt. Die **Blätter** sind niedrig, deutlich und weit am Stiel herablaufend, dicht und in der Jugend weißlich, bekommen aber bald eine gelbliche bis zitronengelbe Schattierung und färben sich schließlich ins Ockergelbe; die Schneiden sind leicht gezähnt. Der **Stiel** mißt 20–70 mm Höhe und 4–8 mm Dicke und ist voll, sehr zäh und biegsam, in der Jugend mit einem vergänglichen Hautring; oben ist er cremefarben, weiter unten mit graubraunen flockigen Schüppchen bedeckt. Das **Fruchtfleisch** ist dünn, zäh, elastisch und weißlich, bisweilen vergilbend und von schwachem angenehmen Geruch und mildem Geschmack.

Wächst in Gruppen von Ende April bis Oktober an den Stümpfen und abgestorbenen Stämmen von Laubbäumen, vor allem Weiden, Pappeln, Eichen und Ahorn. Kommt in der Tiefebene bis hin zum Bergland vor, in Auenwäldern sehr häufig, sonst nur sporadisch bis selten.

Durch das zähe Fleisch ist er **ungenießbar**, doch sind sehr junge Fruchtkörper noch verdaulich, besonders zermahlen; sie lassen sich auch in Suppen auskochen.

Anis-Zähling [77] *(Lentinellus cochleatus)*

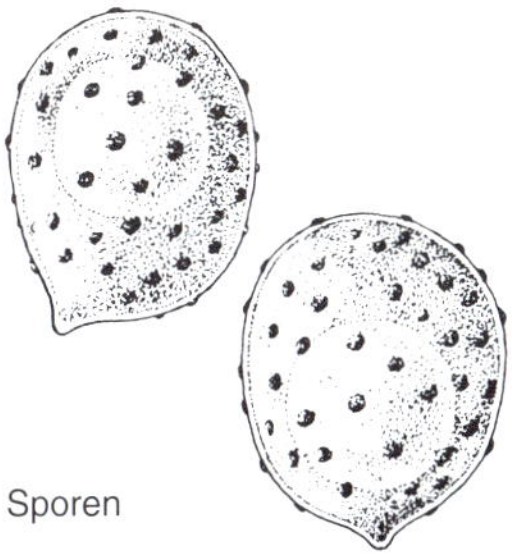

Sporen

Gekennzeichnet durch büscheliges Wachstum an abgestorbenem Holz und einen Anisgeruch des Fruchtfleisches.

Der **Hut** ist 20–70 mm breit und trichter- oder muschel- bis schaufelförmig mit nach unten gebogenem Rand, elastisch, kahl und meist fleisch-bräunlich oder ockerfarben. Die **Blätter** sind nur 4–5 mm breit, dicht und am Stamm weit herablaufend, mit einer gezähnten Schneide, zuerst weißlich, später hautfarben bis fleisch-bräunlich. Der **Stiel** ist 20–80 mm hoch und 5–10 mm breit, schlank und oben oft verbreitert, meist exzentrisch, längsgerieft, elastisch und zäh, fleisch-bräunlich, oft von unten her dunkler werdend bis rotbraun. Das **Fruchtfleisch** ist ziemlich dünn, ledrig, zäh und geschmeidig, weißlich bis fleisch-bräunlich, von Anisgeruch und -geschmack. Es gibt auch eine Abart ohne Geruch (var. *inolens*).

Wächst von Juli bis Oktober an abgestorbenen Wurzeln, Stämmen, Stümpfen und Zweigen verschiedener Laubbäume, bisweilen auch an Fichten- und Kiefernholz. Bildet meist dichte Büschel. Kommt in der Tiefebene bis hin zum Gebirgsvorland vor, ist aber nur stellenweise häufiger. Die **jungen, noch saftigen Fruchtkörper** sind **eßbar**.

77

78

Kapitel 6

KÖNIG STEINPILZ

Die Einstellung zu den Pilzen variiert in den verschiedenen Erdteilen und Kulturen erheblich. Das beste Renommee hat im Bewußtsein der meisten Europäer der Steinpilz. Er ist bei uns der König aller Pilze – der auf, unter und über der Erde wachsenden. Kein Wunder: Durch sein majestätisches Äußeres, durch nützliche Eigenschaften gehört der Steinpilz nicht nur zu den am meisten bewunderten, sondern auch am meisten gesuchten, ja stellenweise geradezu verfolgten Arten. Zur nächsten Verwandtschaft der Steinpilze gehören der Rotfuß-Röhrling, die Ziegenlippe, der Butterpilz und andere Arten von Hutpilzen mit röhrenartigem Hymenophor, gut differenziertem Stiel und saftigem Fruchtfleisch. In ihrer weitläufigeren Verwandtschaft finden wir beispielsweise den Gelbfuß und den Krempling, die schon anders aussehen, weil sie an der Unterseite des Hutes keine Röhren haben, sondern Blätter. Daß diese verschiedenartigen Pilze dennoch zu einer gemeinsammen Gruppe zusammengestellt wurden, entspringt also nicht einer Laune des Verfassers dieses Büchleins, sondern der launenhaften Logik der Natur.

Sommer- oder **Eichen-Steinpilz** [78] *(Boletus reticulatus)*

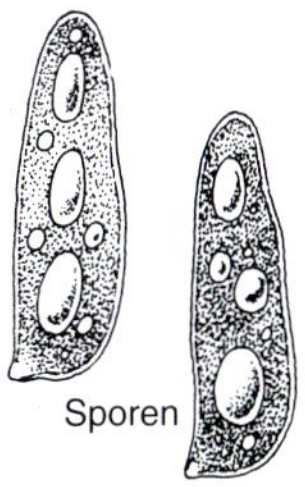

Er hat einen filzigen, meist hellbraunen Hut und ein markantes Netz am Stiel.

Der **Hut** ist 50–200 mm breit und halbkreis- bis polsterförmig, an der Oberseite trocken und matt, nach Regen klebrig und etwas glänzend, leicht filzig und rauh, bisweilen kahl und fast glatt, bei trockenem Wetter aber oft felderig aufgesprungen, in der Regel hell, leder-bräunlich, beige oder tabakfarben. Die **Röhren** und ihre Poren sind anfangs weißlich, später hell cremefarben, grüngelb bis grünlich. Der **Stiel** ist 70 bis 150 mm lang und 20–60 mm dick, zuerst bauchig, dann keulenförmig oder bis zylindrisch, auf bräunlichem Untergrund von einem markanten Netz bedeckt, oben mit kleinen cremefarbenen, weiter unten mit länglichen bräunlichen Augen; die Basis ist weißlich und ohne Netz. Das **Fruchtfleisch** ist fleischig und in der Jugend hart, mit zunehmendem Alter weicher werdend, unter der Haut auch bräunlich und am Schnitt ohne Farbänderung, von angenehmem Geruch und Geschmack; nimmt bei Trockenwerden einen typischen Kumaringeruch an.

Wächst von Mai bis September, in einem warmen Herbst bis Oktober. Bindet sich an Buchen, Eichen und Haselnußsträucher, manchmal auch an andere mykorrhitische Partner. Bevorzugt hellere Wälder oder ihre Ränder. Kommt in der Tiefebene bis hin zum Gebirgsvorland vor, stellenweise häufig. Durch übermäßiges Sammeln und schlechter werdende ökologische Bedingungen findet man diesen meistgesuchten eßbaren Pilz heute allerdings schon seltener.

Er ist ein ausgezeichneter **Speisepilz** und eignet sich für jede Frischzubereitung sowie zum Einlegen in Essig, hauptsächlich aber zum Trocknen, denn sein köstlicher Geruch tritt erst nach dem Trocknen des Fruchtkörpers voll in Erscheinung.

79

Kiefern- oder **Rothütiger Steinpilz** [79] *(Boletus pinophilus)*

Kenntlich ist dieser Pilz an der rotbraunen Haut von Hut und Stiel und am Kumaringeruch des trocknenden Fruchtfleisches.

Der **Hut** ist 60–250 mm breit und in der Jugend halbkugelig, später gering gewölbt, dickfleischig, bucklig oder runzelig, in der Jugend leicht filzig und später fast kahl, nach Regen klebrig und glänzend, sonst matt, rotbraun bis purpurrot, auch im Reifezustand nicht ausblassend. Die **Röhren** und ihre Mündungen sind in der Jugend weißlich bis cremefarben, später gelbgrün. Der **Stiel** ist 60–150 mm hoch und 30–70 mm dick, in der Jugend bauchig, später meist keulenförmig und fast ganz von einem feinen, unauffälligen Netz bedeckt, unten braun-rötlich und oben heller, anfangs nur weißlich. Das **Fruchtfleisch** ist in der Jugend hart und fest, im Alter weich, weißlich und unter der Haut am Hut weinrötlich, am Schnitt ohne Farbänderung, von angenehmem Geruch und Geschmack; getrocknetes Fruchtfleisch riecht nach Kumarin.

Wächst von Mai bis November unter Kiefern und Buchen, selten unter anderen Bäumen. Bevorzugt sandige Böden. Kommt in Hügellandschaften bis hin zum Bergland vor, stellenweise ziemlich häufig; wächst in den Alpen bis zu einer Höhe von etwa 2000 m ü. NN.

Ausgezeichneter, allseitig zu verwertender **Speisepilz**.

Braunvioletter Steinpilz [80] *(Boletus separans)*

Wir erkennen ihn an den violetten Schattierungen am Hutrand junger Fruchtkörper und an seinem eigenartigen Geruch.

Der **Hut** ist 50–120 mm breit und in der Jugend halbkugelig, im Alter bis polsterförmig, mitunter bucklig oder runzelig, anfangs leicht filzig, dann kahl und bis zum frühen Reifestadium bereift, besonders am Rand, bei jungen Fruchtkörpern rotbraun und zumindest am Rand violett oder purpur, bei alten bisweilen ganz sattbraun. Die **Röhren** haben weißliche bis schmutzig-ockerfarbene Poren. Der **Stiel** ist 50–130 mm hoch und 25–50 mm dick, zuerst tonnen-, dann keulenförmig und von einem zarten Netz bedeckt, bräunlich, an Spitze und Basis heller. Das **Fruchtfleisch** ist fest und weiß, am Schnitt ohne Farbänderung; es riecht nicht steinpilzartig, sondern wie ein Stäubling (*Lycoperdon*), der Geschmack ist fast nußartig.

Wächst von Juni bis September auf sauren Böden unter Buchen, Eichen und Kastanien, hauptsächlich in Wäldern des Gebirgsvorlandes, kommt aber kaum häufig vor.

Eßbar, sollte jedoch eher geschützt werden.

80

81

Königsröhrling [81] *(Boletus regius)*

Von den anderen Steinpilzen unterscheiden ihn die rosa Haut am Hut und die rein gelbe Färbung von Stiel, Poren und Fruchtfleisch.

Der **Hut** ist 60–150 mm breit und halbkugelig bis polsterförmig, zuerst filzig, später kahl, bei trockenem Wetter kleinfelderig aufgesprungen, oft auch fleckig, meist rosa oder rosarot. Die **Röhren** haben gold- bis grüngelbe Mündungen, die nach Druck nicht blau anlaufen. Der **Stiel** mißt 60–150 mm Höhe, 20–60 mm Dicke und ist gewöhnlich keulenförmig, in der oberen Hälfte von einem zarten Netz bedeckt und ganz chromgelb. Das **Fruchtfleisch** ist fleischig und butterartig, aber fest, im Alter weich, frisch und nach Trocknung gelb, am Schnitt gewöhnlich ohne Farbänderung, von schwachem Geruch und angenehmem Geschmack.

Wächst von Mai bis September auf kalkhaltigen Böden unter Laubbäumen, vor allem Eichen und Buchen. Kommt nur im niederen Vegetationsbereich und in wärmeren Gebieten vor.

Ist **eßbar**, schmackhaft und in der Küche allseitig verwendbar.

Steinpilz oder **Herrenpilz** [82, 83] *(Boletus edulis)*

Er hat im Reifezustand eine kahle Haut am Hut und einen ziemlich hellen Stiel mit unauffälligem weißlichen Netz.

Der **Hut** ist 50–200 mm breit und in der Jugend halbkugelig, dann bis flach, glatt, bucklig oder leicht runzelig, bei feuchtem Wetter schmierig und glänzend, in der Jugend leicht filzig und weißlich, bald jedoch kahl, bräunlich, rötlich- bis schwarzbraun. Die **Röhren** haben zuerst weißliche, dann gelbliche bis gelb-grünliche Poren. Der **Stiel** mißt 50–200 mm Höhe und 20–60 mm Dicke und ist in der Jugend bauchig, später keulenförmig oder zylindrisch, weißlich bis bräunlich, mit einem feinen hellen Netz in der oberen Hälfte. Das **Fruchtfleisch** ist in der Jugend hart und im Alter bis wattig, immer weißlich, von angenehmem Geruch und Geschmack; nach dem Trocknen riecht es nach Kumarin.

Wächst von Juni bis November in Vorgebirgs- und Gebirgs-Fichtenwäldern, gewöhnlich 2–3 Wochen nach ausgiebigeren Regenfällen. Ist stellenweise noch häufig.

Er ist ein ausgezeichneter **Speisepilz** und eignet sich für jegliche Frischzubereitung sowie zum Einlegen in Essig, vor allem aber zum Trocknen. Nach dem Trocknen entwickelt er einen einzigartigen und unvergleichlichen Geruch (ähnlich wie *Boletus reticulatus*, *B. pinophilus* und *B. aereus*).

82

83

Falscher Schwefel-Röhrling [84] *(Boletus junquilleus)*

84

Charakteristisch sind die Gelbfärbung von Hut, Poren, Stiel und Fruchtfleisch sowie die Blaufärbung des Fleisches nach Druck.

Der **Hut** ist 50–150 mm breit und halbkugelig bis polsterförmig ausgebreitet, an der Oberseite zart samtig und schwefelgelb, am Scheitel im Reifezustand orange bis rötlich, an Druckstellen blau. Die **Röhren** haben gelbe bis bräunlichgelbe, nach Druck blau anlaufende Mündungen. Der **Stiel** ist 60–120 mm hoch, 30–50 mm dick und zylindrisch oder spindelförmig, ohne Netz, flockig körnig und gelb, mit ockerfarbenen bis braunroten Flecken, nach Druck blau anlaufend. Das **Fruchtfleisch** ist fest und gelb, am Schnitt stark blau verfärbend, von unauffälligem Geruch und angenehmem Geschmack.

Wächst von Juli bis Oktober in Laubwäldern. Kommt nur im Bereich der wärmeliebenden Flora vor. Bevorzugt Hügellandschaften, ist jedoch überall selten.

Ist **eßbar**, verdient aber wegen seiner Seltenheit auch seitens der Pilzsucher Schutz.

Bronze-Röhrling oder **Schwarzhütiger Steinpilz** [85] *(Boletus aereus)*

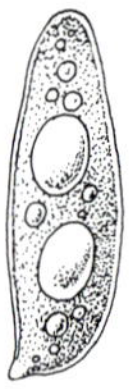

Spore

Sein Hauptmerkmal ist die kastanien- bis schwarzbraune Haut am Hut und die kontrastierende weißliche Färbung der Poren bei jüngeren Fruchtkörpern.

Der **Hut** ist 50–200 mm breit und halbkugelig, niedrig gewölbt bis fast flach, dickfleischig und oft runzelig, an der Oberseite zuerst samtig, dann kahl werdend, kastanien-, dunkel- bis schwarzbraun oder braunschwarz. Die **Röhren** haben bis zur frühen Reife weißliche oder hell cremefarbene Poren, die später einen grün-gelblichen und schließlich bis bräunlichen Schimmer annehmen. Der **Stiel** ist 50–120 mm hoch und 20–60 mm breit, anfangs bauchig und dann keulenförmig oder zylindrisch, braun bis rötlich-braun, in den oberen zwei Dritteln von einem zarten Netz bedeckt, das wie die Stielhaut gefärbt ist. Das **Fruchtfleisch** ist fleischig und in der Jugend sehr hart, im Reifezustand weicher und weiß, am Schnitt ohne Farbänderung; frisch riecht es schwach, getrocknet nach Kumarin, der Geschmack ist köstlich.

Wächst von Mai bis Oktober unter Eichen, seltener unter Buchen und Kastanien, jedoch nur im Bereich der wärmeliebenden Flora. Kommt in der Tiefebene und in Hügellandschaften vor und ist kaum häufig.

Ist ein ausgezeichneter **Speisepilz** und für jede Zubereitung geeignet, am wertvollsten in getrocknetem Zustand, wenn er seinen intensivem Geruch verströmt.

85

Blauender Königsröhrling [86] *(Boletus speciosus)*

86

Markantes Kennzeichen ist seine schmutzigrosa Schattierung an der Huthaut, in der Stielmitte und an der Basis des aufgeschnittenen Stiels.

Der **Hut** ist 60–200 mm breit und gewölbt bis polsterförmig, fleischig, oft runzelig bis bucklig, an der Oberseite trokken und matt, in der Jugend filzig, später kahl werdend, rosarot, braunrosa bis hellpurpur. Die **Röhren** haben gelbliche, schwefelgelbe, goldgelbe bis olivfarbene Mündungen, die sich an Druckstellen schmutzigblau verfärben. Der **Stiel** ist 50 bis 150 mm lang und 20 bis 60 mm dick, in der Jugend bauchig, später keulenförmig bis zylindrisch, unter dem Hut gelb, weiter unten fleckig rosarot und an der Basis rotbraun; in der oberen Hälfte bis zu zwei Dritteln hat er ein feines gelbes, bald jedoch braun-rötliches Netz, darunter ist er rotflockig, gleichsam körnig. Das **Fruchtfleisch** ist in der Jugend fest und schließlich am Hut fast watteweich. Am Stiel ist es faserig und zäh, am Hut gelb, am Schnitt blau anlaufend, in den Röhren blaugrün, in der oberen Stielhälfte in der Regel immer gelb, im unteren Teil dagegen von einer schmutzigrosa Färbung, die ein sehr wichtiges Erkennungszeichen dieser Art ist. Das Fruchtfleisch hat einen unauffälligen Geruch und angenehmen Geschmack.

Wächst von Juli bis September unter Eichen und Buchen im Bereich der wärmeliebenden Flora, vor allem auf kalkhaltigen Böden. Kommt in der Tiefebene und in Hügellandschaften vor, jedoch überall selten.

Ist **eßbar**, verdient aber wegen seines seltenen Vorkommens Schutz.

Dickfuß-Röhrling [87, 88] *(Boletus calopus)*

Charakteristisch sind der rote, oben gelbe Stiel und das blau anlaufende bittere Fruchtfleisch.

Der **Hut** ist 60–160 mm breit und gewölbt bis ausgebreitet, in der Jugend leicht filzig, dann kahl werdend, nicht schleimig, flachs- bis rötlich-braun, oft mit olivgrauer Schattierung. Die **Röhren** und ihre Poren sind gelb bis grünlich, an Druckstellen blau anlaufend. Der **Stiel** ist 50–150 mm lang und 20–40 mm dick, in der Jugend in der Mitte verbreitert und im Reifezustand meist zylindrisch, oben gelb und von einem gelblichen Netz bedeckt, weiter unten in verschiedenen Rotschattierungen, mit einem roten bis braunroten Netz, an der Basis im Alter rotbraun oder weinrot und gewöhnlich ohne Netz. Das **Fruchtfleisch** ist fleischig, in der Jugend hart und im Alter weich, weißlich, am Unterteil des Stiels bis braunrötlich, am Schnitt blau anlaufend; riecht säuerlich und schmeckt anfangs mild, nach einer Weile jedoch bitterlich bis bitter.

Wächst von Juni bis Oktober in Nadel- und Laubwäldern, vor allem unter Fichten, Kiefern, Buchen und Eichen, besonders auf armen sandigen Böden mit saurem Untergrund. Kommt hauptsächlich in Hügel- und Vorgebirgslandschaften vor, viel seltener in der Tiefebene und im Gebirgsvegetationsbereich, jedoch nirgends allzu häufig. Ist wegen seiner Bitterkeit **ungenießbar**.

87

88

89

Glattstieliger Hexen-Röhrling [89] *(Boletus queletii)*

Er hat einen körnig flockigen, oben gelben und unten rötlichen Stiel.

Der **Hut** ist 50–150 mm breit, seine Haut in der Jugend filzig und matt, später kahl, oliv- oder graubraun, bei der Varietät *lateritius* braunorange. Die **Röhrenmündungen** sind in der Jugend gelb, später gelborange. Der **Stiel** mißt 50–150 mm Höhe und 20 bis 50 mm Dicke. Das **Fruchtfleisch** ist gelb, am Schnitt blaugrün anlaufend und an der Stielbasis purpurn; es riecht unauffällig und schmeckt mild.

Wächst von Juni bis September in warmen Gebieten unter Laubbäumen.

Der Pilz ist **eßbar**, muß aber mindestens 20 Minuten lang warm zubereitet werden, sonst kann er Magenbeschwerden hervorrufen.

Ochsen-Röhrling [90] *(Boletus torosus)*

Wärmeliebend und auffällig schwer, mit blau verfärbendem Fruchtfleisch.

Der **Hut** ist 50–150 mm breit und leicht filzig, dann kahl werdend, meist altrosa und an Druckstellen blau bis schwarz anlaufend. Die Mündungen der **Röhren** sind lange gelb, dann orange bis dunkelrot, nach Druck schwarzblau verfärbend. Der **Stiel** mißt 40–150 mm Höhe und 40–70 mm Dicke und ist von einem zarten Netz auf gelbem bis rotem Untergrund bedeckt. Das **Fruchtfleisch** ist gelb und am Schnitt im Hut rasch blau anlaufend; es riecht schwach und hat einen milden Geschmack.

Wächst von Juli bis September in Eichen- und Buchenwäldern. Bevorzugt kalkreiche Böden in Hügellandschaften und im Gebirgsvorland. Ist überall selten. Es wird daher nicht empfohlen, ihn zu Speisezwecken zu sammeln.

90

91

Flockenstieliger Hexen-Röhrling oder **Schusterpilz** [91] *(Boletus erythropus)*

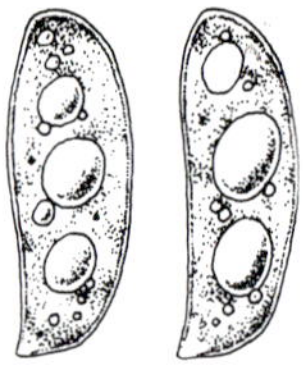

Sporen

Zu erkennen an den roten flockigen Schüppchen, die seine Stieloberfläche bedecken, sowie am dunkelbraunen Hut und blaugrün anlaufenden Fruchtfleisch.

Der **Hut** ist 60–200 mm breit und gewölbt bis fast flach ausgebreitet, an der Oberseite in der Jugend samtig, dann kahl, grau- bis dunkelbraun, ziemlich oft mit einer olivfarbenen Schattierung und an Druckstellen dunkler werdend. Die **Röhrenmündungen** sind zuerst gelb, werden aber sehr bald rot und verfärben sich an Druckstellen schmutzigblau. Der **Stiel** ist 50–150 mm lang und 20–50 mm dick, zylindrisch oder schmal keulenförmig, ohne Netz und von kleinen roten Schuppen bedeckt, oben meist gelb und weiter unten rot, nach Druck dunkler werdend. Das **Fruchtfleisch** ist fleischig, fest und gelb, am Schnitt sofort stark grünblau anlaufend, von schwachem Geruch und mildem Geschmack.

Wächst von Mai bis November in Nadel- und Laubwäldern. Bevorzugt ärmere sandige Böden mit geringem Kalkgehalt. Kommt in der Tiefebene bis hin zu Bergland vor, stellenweise ziemlich häufig.

Ist **eßbar**, schmackhaft und allseitig verwendbar, erfordert aber eine längere Warmzubereitung; wenn er weniger als 20 Minuten geschmort oder gekocht wird, kann er unangenehme Magenbeschwerden hervorrufen.

Netzstieliger Hexen-Röhrling [92] *(Boletus luridus)*

Gekennzeichnet durch große Augen im Netz am Stiel und markante Orangeschattierungen an den Poren.

Der **Hut** ist 50–150 mm breit und gewölbt bis flach, ziemlich lange filzig und schließlich kahl, meist in Farbkombinationen von Braun, Orange, Oliv und Grau; wird an Druckstellen dunkler. Die Mündungen der **Röhren** sind in der Jugend ockergelb, bald jedoch orangerot und am Hutrand mehr gelb; sie laufen nach Druck blau an. Der **Stiel** ist 50–150 mm lang und 20–50 mm breit, in der Jugend fast bauchig, dann keulen- oder spindelförmig bis zylindrisch, auf gelbem bis orange-rötlichem Untergrund von einem auffallend rostroten Netz bedeckt und an der Basis meist weinrot. Das **Fruchtfleisch** am Hut ist fest und im Alter weicher, gelblich und am Schnitt blau anlaufend, am Stiel härter und mit der Zeit bis leicht holzig, rötlich, an der Basis aber gelb, fast geruchlos und von angenehmem Geschmack.

Wächst von Mai bis Oktober in Laub- und Nadelwäldern, vor allem auf kalkreichen Böden. Kommt in der Tiefebene bis hin zum Gebirgsvorland vor, stellenweise häufig.

Ist roh, bei kurzer Warmzubereitung und in Verbindung mit Alkoholgenuß **schwach giftig**, jedoch geschmort oder gekocht (mindestens 20 Minuten lang) eßbar und schmackhaft.

92

93

Wurzelnder Röhrling [93] *(Boletus albidus)*

Sehr fleischig, mit blassem Hut und Gelbschattierungen an Poren, Fruchtfleisch und zumindest oben am Stiel.

Der **Hut** ist 70–250 mm breit und gewölbt bis polsterförmig, dickfleischig und filzig, gräulich bis grau-bräunlich. Die **Röhren** sind im Reifezustand bis 35 mm lang und ihre Poren anfangs zitronengelb, dann schmutzig-olivbräunlich, an Druckstellen blau anlaufend. Der **Stiel** ist nur 40–120 mm lang und 30–80 mm dick, anfangs knollig oder bauchig, dann zylindrisch und an der Basis plötzlich zu einem wurzelförmigen Ausläufer verengt, an der Oberseite filzig und in der Regel von einem sehr feinen Netz bedeckt, oben zitronen- und weiter unten schmutziggelb, oft auch mit bräunlichen oder olivfarbenen Schattierungen, bisweilen mit einer roten ringförmigen Zone im oberen Teil. Das **Fruchtfleisch** ist fest und im Alter weich werdend, gelblich, am Stiel auch mit einer Olivschattierung; es riecht ziemlich unangenehm und hat einen bitterlichen bis bitteren Geschmack, der mitunter erst nach längerem Kauen auftritt.

Ungenießbar.

Satanspilz [94, 95] *(Boletus satanas)*

Charakteristische Merkmale sind ein stämmiger Fruchtkörper, ein heller Hut und die grellrote Färbung von Poren und Stiel.

Der **Hut** ist 60–200 mm breit und gewölbt bis polsterförmig, sehr fleischig und in der Jugend leicht filzig, dann kahl werdend, weißlich-cremefarben, silbergrau oder bräunlich, bisweilen mit einer schmutzig-olivfarbenen Schattierung. Die **Röhrenmündungen** sind zuerst orangegelb und bald karminrot, im Alter bis olivfarben, nach Druck blaugrün anlaufend. Der **Stiel** ist 50–120 mm lang und 30–80 mm dick, tonnenförmig oder zylindrisch und von einem unauffälligen Netz bedeckt, oben lange gelb und unten karminrot. Das **Fruchtfleisch** ist dick, in der Jugend hart und im Alter weich werdend, weißlich oder gelblich, am Schnitt schwach bis stark blauend, in der Jugend von unauffälligem Geruch und Geschmack, im Alter unangenehm riechend.

Wächst von Juli bis September in Laubwäldern auf kalkhaltigem Untergrund. Kommt in der Tiefebene bis hin zum Gebirgsvorland vor. Ist überall ziemlich selten.

Nicht sammeln! Bewirkt roh und bei ungenügender Warmzubereitung einen heftigen Brechreiz.

94

95

96

Schwarzblauender Röhrling [96] *(Boletus pulverulentus)*

Zu erkennen an einem kleineren Fruchtkörper und der sofortigen intensiven Blauverfärbung des angeschnittenen Fleisches sowie des ganzen Pilzes nach Druck.

Der **Hut** ist 35–80 mm breit, gewölbt bis fast flach und relativ fleischig, an der Oberseite in der Jugend filzig und am Scheitel bis geschuppt, später kahl, grau, graubraun bis schwärzlich-braun, mitunter schmutziggelb und nach Druck blau und dann schwarz anlaufend. Die **Röhren** haben gelbe Poren, die nach Druck grünblau und später schmutzigbraun werden. Der **Stiel** mißt 30–70 mm Höhe und 10–20 mm Dicke, ist zylindrisch und an der Basis spitz zulaufend, im oberen Teil gelb und weiter unten in der Jugend dicht mit kleinen braunroten Flocken bedeckt, im Alter kahl und dunkler bis purpurschwarz. Das **Fruchtfleisch** ist am Hut butterartig und am Stiel älterer Fruchtkörper zäh, überall gelb und am Schnitt stark blauend, von markantem Pilzgeruch und angenehmem Geschmack.

Wächst von Mai bis Oktober unter Laub- und Nadelbäumen. Kommt in der Tiefebene bis hin zum Gebirgsvorland nicht allzu häufig vor.

Ist **eßbar** und in der Jugend sehr schmackhaft.

Gemeiner Birkenpilz oder **Kapuziner-Röhrling** [97, 98] *(Leccinum scabrum)*

Hat einen braunen Hut und weißes, am Schnitt nicht dunkel verfärbendes Fruchtfleisch.

Der **Hut** ist 40–150 mm breit, anfangs halbkugelig und dann niedrig gewölbt, in der Jugend leicht filzig, jedoch bald kahl werdend, meist braun oder graubraun, mitunter gelb- oder rotbraun. Die **Röhren** haben weißliche bis cremefarben-gräuliche Mündungen. Der **Stiel** ist 70–170 mm hoch und 10–30 mm dick, ist oben am dünnsten und auf gräulichem bis bräunlichem Untergrund mit braunschwarzen Schüppchen bedeckt. Das **Fruchtfleisch** ist in der Jugend hart und saftig, wird bei älteren Fruchtkörpern am Hut weicher und am Stiel holzig; hat einen milden Geschmack und ist fast geruchlos. Wächst von Juli bis November unter Birken. Kommt in der Tiefebene bis hin zum Gebirgsvorland vor, stellenweise sehr häufig.

97

Die Farbskala dieses Pilzes reicht von Weißlich bis Schwarzbraun

Ist **eßbar** und in der Jugend hochwertig, eignet sich zur Frischzubereitung und zum Einlegen in Essig. Getrocknete Fruchtkörper sind ausgezeichnet für Saucen.

98

Graugrüner Birkenröhrling [99] *(Leccinum griseum, L. thalassinum)*

99

Kennzeichnend für diese Art ist eine aschfarbene, in der Jugend ziemlich helle und verwaschen-flekkige Haut am Hut.

Der **Hut** ist 50 bis 150 mm breit und trokken, matt und samtig, meist grau oder braungrau, in der Jugend meist mit hellen Flekken. Die **Röhrenmündungen** sind weißlich bis grau-cremefarben, im Alter ocker-bräunlich. Der **Stiel** ist 80–200 mm lang und 15–35 mm dick, an der Basis oft gebogen und oben am engsten, wird nach unten zu allmählich breiter und verengt sich an der Basis wieder keilförmig; ist auf weißlichem Untergrund mit schwarzbraunen Schüppchen bedeckt und an der Basis oder auch darüber oft graugrün. Das **Fruchtfleisch** ist am Hut immer weißlich, am Stiel aber sehr veränderlich: im oberen Teil weißlich und ca. 10 Minuten nach dem Anschneiden stellenweise rosa anlaufend, an der Basis gelbgrün, grün bis blau, von schwachem Geruch und mildem Geschmack.

Wächst von Juli bis Oktober unter Birken. Kommt in der Tiefebene bis hin zum Gebirgsvorland vor, ist aber ziemlich selten. Verdient wegen seiner Seltenheit Schutz. Auch wenn er **eßbar** ist, sollten ihn die Pilzsucher nicht sammeln.

Hainbuchen-Rauhfuß [100, 101] *(Leccinum pseudoscabrum, L. carpini)*

Auffallend durch sein Vorkommen unter Hainbuchen und Haselnußsträuchern und die Dunkelfärbung von angeschnittenem Fruchtfleisch.

Der **Hut** ist 50–150 mm breit und in der Jugend halbkugelig, später niedrig gewölbt bis flach, dickfleischig, in der Jugend oft runzelig und leicht samtig, später kahl und im Alter oft felderig aufgesprungen, meist grau- bis schwarzbraun. Die **Röhrenmündungen** sind in der Jugend weißlich, später grau-gelblich bis oliv-graugelb, an Druckstellen violettgrau bis schwarz anlaufend. Der **Stiel** ist 60–150 mm hoch und 10–30 mm dick, an der Basis keulen- bis spindelförmig verbreitert, auf weißlichem Untergrund mit kleinen braunen Schuppen bedeckt und an Druckstellen langsam schwarz verfärbend. Das **Fruchtfleisch** ist in der Jugend fest und ziemlich saftig, mit der Zeit am Hut weicher und am Stiel holzig werdend; am frischen Schnitt ist es weißlich bis gelblich, dann rosaviolett und schließlich schwarz anlaufend, von angenehmem Geruch und Geschmack.

Wächst von Juni bis Oktober unter Hainbuchen und Haselnußsträuchern. Kommt in der Tiefebene bis hin zum Gebirgsvorland vor, stellenweise häufig.

Ist **eßbar**, in der Jugend sehr schmackhaft und frisch allseitig verwendbar, eignet sich auch zum Einlegen in Essig und zum Trocknen.

100

101

Espen-Rotkappe oder **Rothäubchen** [102]
(Leccinum rufum, früher *L. aurantiacum)*

Gekennzeichnet durch die rote Haut am Hut, die nicht schwarz verfärbenden Schüppchen am Stiel und das Vorkommen unter Espen. Der **Hut** ist 40–150 mm breit und gewölbt, schließlich fast flach, ziemlich lange mit einer den Rand überragenden Haut, dickfleischig, leicht filzig und matt, orange- oder braunrot, im Alter heller bis gelbrot. Die **Röhrenmündungen** sind in der Jugend weißlich, dann gräulich-ocker bis oliv-bräunlich. Der **Stiel** ist 60–200 mm lang, 15–50 mm dick, meist zylindrisch, im Reifezustand oben verjüngt, fest und auf weißlichem Untergrund in der Jugend mit weißlichen und später orange-bräunlichen bis rotbraunen (nie schwarzen) Schüppchen bedeckt. Das **Fruchtfleisch** ist in der Jugend hart, aber saftig, im Reifezustand am Hut weicher und am Stiel holzig werdend, im unteren Teil des Stiels grünblau; der Geruch ist unauffällig, der Geschmack angenehm. Ist **eßbar,** allseitig verwendbar.

102

Eichen-Rotkappe [103, 104] *(Leccinum quercinum)*

103

Hauptmerkmale sind die rote Haut am Hut, der Standort unter Eichen sowie Schüppchen am Stiel, die in der Jugend weißlich und dann rostbraun, schließlich schwarzbraun sind.

Der **Hut** ist 50–180 mm breit und in der Jugend halbkugelig, später niedrig gewölbt, filzig und meist braunrot. Die **Röhrenmündungen** sind weißlich bis schmutzig-sahnefarben, an Druckstellen oliv-bräunlich anlaufend. Der **Stiel** ist 80–200 mm lang und 20–40 mm dick, auf weißlichem bis cremefarbenem Untergrund dicht mit kleinen, nicht schwarz anlaufenden Schuppen bedeckt. Diese sind in der Jugend weißlich und schließlich schwarzbraun. **Das Fruchtfleisch** ist fleischig, hart und weißlich, am Schnitt stellenweise leicht rot verfärbend und dann etwas ins Grauviolette spielend; der Geruch ist schwach und der Geschmack angenehm.

Wächst von Juni bis Oktober in Eichenwäldern, vor allem auf sandigen und siliciumhaltigen Böden. Kommt in der Tiefebene bis hin zum Gebirgsvorland vor, jedoch kaum häufiger. Ist **eßbar**, schmackhaft und allseitig verwendbar – bis auf die harten, holzigen Stiele älterer Fruchtkörper.

104

105

Birken-Rotkappe [105] *(Leccinum rufescens, L. versipelle)*

Charakterisiert durch gelborange Haut am Hut, dunkle Farbe der jungen Poren, sehr dunkle Färbung der Schüppchen am Stiel und Standort unter Birken.

Der **Hut** ist 50–180 mm breit, gewölbt bis ausgebreitet und fleischig; die Haut reicht deutlich über den Rand hinaus und ist matt, in der Jugend leicht filzig und dann kahl werdend, ohne sattere Rotschattierungen, höchstens gelborange oder orange-rötlich, oft nur ocker- oder rostfarben. Die **Röhrenmündugen** (Poren) sind in der Jugend auffällig dunkel, aschfarben bis braunschwarz, später verblassen sie zu Ocker bis Weinrot mit einer Grauschattierung. Der **Stiel** ist 80–200 mm lang und 20–60 mm dick, anfangs leicht bauchig oder keulenförmig, später fast zylindrisch, fest und auf weißlichem Untergrund kontrastierend mit kleinen wolligen Schuppen dunkelbrauner oder braunschwarzer Färbung bedeckt, manchmal oben weißlicher und an der Basis blaugrün.

Das **Fruchtfleisch** ist in der Jugend hart und nicht allzu saftig, später am Hut weicher und am Stiel bis holzig werdend, am frischen Schnitt silbrig-weißlich, dann oxydiert es zu Weinrot bis Grauviolett; das blaugrüne Fruchtfleisch an der Stielbasis läuft an der Luft blauschwarz an. Wie alle Vertreter dieser Gattung hat der Pilz einen unauffälligen Geruch und angenehmen Geschmack.

Wächst von Juni bis November in Birkenwäldern, hauptsächlich auf sauren Böden. Kommt in Hügellandschaften und im Gebirgsvorland nicht allzu häufig vor.

In der Jugend sehr schmackhaft und in der Küche allseitig verwendbar. Die holzigeren Stiele älterer Fruchtkörper sind unverdaulich.

Sand-Röhrling oder **Hirsepilz** [106] *(Suillus variegatus)*

Er hat einen fein geschuppten Hut, einen scharfen Fruchtfleischgeruch und eine olivfarbene Schattierung an den Poren.

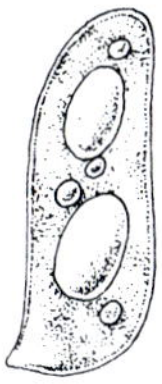

Spore

Der **Hut** ist 40–120 mm breit und gewölbt bis polsterförmig, am Rand zuerst nach unten gebogen, dann scharf, an der Oberseite in der Jugend filzig, später fein geschuppt und im Alter kahl werdend, semmelfarben bis gelblich-olivfarben. Die **Röhrenmündungen** sind graugelb bis braunoliv. Der **Stiel** ist 40 bis 100 mm hoch, 20–35 mm dick und ist glatt, gelblich, gelb-bräunlich bis braunrötlich. Das **Fruchtfleisch** ist fleischig und saftig, gelblich bis hellorange, am Schnitt schwach blaugrün verfärbend, von auffälligem Harzgeruch und ohne Geschmack.

Wächst von Juni bis November in sandigen Kiefernwäldern, bevorzugt saure Böden. Kommt in der Tiefebene bis hin zum Gebirgsvorland vor, stellenweise sehr häufig.

Eßbar und für Pilzmischungen geeignet, die in Essig konserviert oder frisch zubereitet werden.

106

Körnchen-Röhrling oder **Schmerling** [107, 108] *(Suillus granulatus)*

107

Der Stiel hat keinen Ring, die Haut ist am Hut ziemlich hell, ungezont und in der Jugend sehr schleimig.

Der **Hut** ist 40–100 mm breit, in der Jugend gewölbt und mit nach unten gebogenem Rand, dann fast flach, anfangs von einer starken Schleimschicht bedeckt, im Alter aber trokken, ohne strahlenförmige Äderchen in der Haut (diese kennzeichnen den ihm ähnlichen *Suillus fluryi*, der unter Kiefern auf kalkhaltigem Untergrund wächst); die Haut ist hell, braungelb oder gelbbraun, bis rötlich-braun. Die **Röhrenmündungen** sind gelblich bis gelb-bräunlich; sie sondern in der Jugend und bei feuchtem Wetter milchige Tröpfchen ab. Der **Stiel** ist 40–80 mm lang und 10–20 mm dick, zylindrisch und voll, ohne Schleier und Spur eines Ringes, gelblich bis bräunlich. Der obere Teil reifer Fruchtkörper ist von dunklen Körnchen bedeckt. Das **Fruchtfleisch** ist ziemlich fleischig, in der Jugend hart und butter-

108

artig, im Alter weich, anfangs weißlich, doch bald gelblich, über den Röhren und am Stiel satter gelb, am Schnitt unveränderlich, von angenehmem Geruch und Geschmack. Wächst von Mai bis November in hellen Kiefernwäldern und an ihren Rändern, vor allem auf kalkreichen Böden. Kommt von der Tiefebene bis hin zum Gebirgsvorland häufig vor, besonders in jungen Baumbeständen. Ist **in der Jugend sehr schmackhaft** und eignet sich zur Frischzubereitung sowie zum Einlegen in Essig. Die schleimige Haut wird immer abgezogen.

Butterpilz [109] *(Suillus luteus)*

Die Poren sind in der Jugend von einem dicken weißlichen Schleier verdeckt, der nach dem Aufreißen einen braunpurpurnen Ring am Stiel hinterläßt.

Der **Hut** ist 40–120 mm breit, gewölbt bis polsterförmig, ziemlich lange von einer starken Schleimschicht bedeckt, aber im Alter trocken, von eingewachsenen strahlenförmigen Äderchen leicht gezont, meist schokoladen- oder rotbraun, bisweilen gelb- oder graubraun, auch mit olivfarbenen oder violetten Schattierungen. Die **Röhrenmündungen** sind blaß- bis bräunlich-gelb, im Alter mit einem olivfarbenen Schimmer. Der **Stiel** ist 30–100 mm lang und 10–25 mm dick, zylindrisch, voll und fest, oben gelb und bräunlich körnig, weiter unten schmutziggelb oder rötlich-braun, mit einem häutigen überhängenden Ring. Das **Fruchtfleisch** ist fleischig und in der Jugend fest und butterartig, im Alter weich, anfangs weißlich, bald aber gelblich, über den Röhren und im oberen Teil des Stiels satter gelb, an der Stielbasis bis schmutzig-bräunlich, von angenehmem Geruch und Geschmack. Wächst von Mai bis November unter Kiefern. Bevorzugt sandige und siliciumhaltige Böden. Kommt in der Tiefebene bis hin zum Gebirgsvorland vor, meist in Junggehölzen und an hellen Rändern älterer Kiefernwälder. Ist **eßbar** und in der Jugend sehr schmackhaft, frisch verwertbar und köstlich auch in Essig eingelegt oder getrocknet (die getrockneten Scheibchen haben eine hübsche gelbe Farbe). Die schleimige Haut wird schon im Wald abgezogen.

109

Grauer Lärchen-Röhrling [110] *(Suillus viscidus, S. aeruginascens)*

110

Gekennzeichnet durch Grauschattierungen an den Röhrenmündungen sowie an der Haut von Hut und Stiel; wächst nur unter Lärchen.

Der **Hut** ist 30–120 mm breit und in der Jugend halbkugelförmig oder stumpfkegelig, später niedrig gewölbt bis flach, an der Oberseite klebrig und meist grau-gelblich, creme-bräunlich oder graubraun. Die **Röhren** sind in der Jugend von einem weißlichen Schleier verdeckt. Ihre Mündungen sind gräulich, grau bis schmutzigbraun, ohne Gelb- oder Orangetöne. Der **Stiel** ist 40 bis 80 mm hoch, 10–20 mm dick und zylindrisch, in der Jugend klebrig und wie der Hut gefärbt, doch etwas heller. Nach dem Zerreißen des Schleiers bildet sich am Stiel ein weißlicher Ring, der im Alter verschwindet. Das **Fruchtfleisch** ist fleischig und zunächst ziemlich hart, wird aber schon im frühen Reifezustand weicher. Am Hut ist es weißlich und im Alter gräulich, am Stiel zuerst gelblich, dann bis bräunlich; es hat einen schwach obstartigen Geruch und unauffälligen Geschmack.

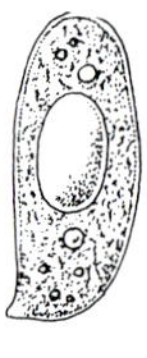

Spore

Wächst von Mai bis Oktober in ausschließlich mykorrhitischer Bindung an Lärchen. Bevorzugt eindeutig kalkreichere Böden. Kommt in der Tiefebene vor, bis hin zum Gebirgsvorland, stellenweise häufig.

Ist **in der Jugend schmackhaft** und für Pilzmischungen geeignet.

Gold-Röhrling oder **Goldgelber Lärchen-Röhrling** [111] *(Suillus grevillei)*

Zu erkennen an den orangeroten Schattierungen an Haut und Stiel sowie an der Gelbfärbung von Poren und Fruchtfleisch; wächst nur unter Lärchen.

Der **Hut** ist 30–100 mm breit und in der Jugend halbkugelförmig oder stumpfkegelig, später niedrig gewölbt bis flach, an der Oberseite sehr schleimig und glänzend, goldgelb bis gelborange, am Hutrand in der Jugend immer heller. Die **Röhren** sind in der Jugend von einem gelblichen bis weißlichen Schleier verdeckt. Ihre Mündungen sind zitronen- bis olivgelb. Der **Stiel** mißt 50–120 mm Höhe und 10–25 mm Dicke, ist zylindrisch, an der Basis stumpf zugespitzt und in der Jugend sehr schleimig, oben gelb und weiter unten mit rostroten Flocken bedeckt, im Alter bis faserig. Nach dem Zerreißen des Schleiers bleibt am Stiel ein Ring zurück, der anfangs schleimig, dann häutig und weißlich bis gelblich ist. Bei trockenem Wetter verschwindet der Ring bisweilen bzw. entwickelt sich überhaupt nicht. Das **Fruchtfleisch** ist bis zum frühen Reifezustand fest, elastisch und saftig, gelb, am Schnitt etwas dunkler werdend, vor allem am Stiel; Geruch und Geschmack sind angenehm.

Wächst von Juni bis November in der Nähe von Lärchen, hauptsächlich auf kalkreichen Böden. Kommt von der Tiefebene bis hin zum Gebirgsvorland stellenweise häufig vor.

Ausgezeichneter **Speisepilz** mit vielseitigen Verwendungsmöglichkeiten. Schon beim Sammeln wird die schmierige Haut abgezogen und der Schleim vom Stiel geschabt.

112

Rostroter Lärchen-Röhrling [112] *(Suillus tridentinus)*

Er hat eine geschuppte rostfarbene Haut am Hut und rostorange Röhrenmündungen.

Der **Hut** ist 40–100 mm breit, in der Jugend mit nach unten gebogenem Rand, an der Oberseite fein geschuppt und meist rostbraun. In der Jugend verdeckt ein gelblicher Schleier die **Röhren;** ihre Poren sind orangegelb oder rostorange. Der **Stiel** ist 40 bis 90 mm hoch und 10–20 mm dick, oben gelborange und weiter unten mit rostbraunen angedrückten Fasern bedeckt. Von den Resten des Schleiers bleibt am Stiel nur ein deutlicher schmaler Ring oder eine kaum sichtbare ringförmige Zone übrig. Das **Fruchtfleisch** ist saftig und gelb, am Schnitt bisweilen schwach rotfärbend, von unauffälligem Geruch und Geschmack.

Wächst von Juli bis Oktober unter Lärchen auf kalkhaltigem Untergrund. Kommt in der Tiefebene bis hin zum Gebirgsvorland vor, doch ist er ziemlich selten.

Ist **eßbar**, hat aber wegen seiner Seltenheit keine praktische Bedeutung.

Erlen-Grübling [113] *(Gyrodon lividus)*

Gut charakterisiert durch die Gelbfärbung von Poren und Fruchtfleisch und seinen Standort ausschließlich unter Erlen.

Der **Hut** ist 40–150 mm breit und leicht gewölbt oder flach ausgebreitet, in der Jugend mit nach unten gebogenem Rand und leicht filziger Haut, später kahl, zuerst weißlich- bis gelbocker, dann blaß grau-bräunlich. Die **Röhren** laufen weit am Stiel herab. Ihre Poren sind anfangs klein und gelb, nach Druck grünblau verfärbend; mit der Zeit werden sie länger und dunkler – braunoliv bis rostbraun. Der **Stiel** mißt 40–120 mm Höhe und 10–25 mm Dicke und ist zylindrisch, oben breiter und an der Basis verengt, oft exzentrisch und gewöhnlich gekrümmt, an der Oberfläche leicht faserig und in der Jugend gelb bis ockerfarben, im Alter braunrot. Das **Fruchtfleisch** ist am Hut zuerst ziemlich fleischig, fest und elastisch, im Reifezustand weich, immer gelb, am Schnitt nur schwach blau verfärbend; am Stiel ist es faserig, mit zunehmendem Alter holzig werdend, anfangs auch gelb, später aber mit braunen und rötlichen Schattierungen. Der Pilz ist fast geruchlos und im Geschmack säuerlich.

Wächst von Juli bis Oktober unter feuchten Erlen, gewöhnlich in Gruppen. Verträgt basische und saure Böden. Kommt in der Tiefebene bis hin zum Gebirgsvorland vor, ist aber nur in einigen Gegenden häufiger.

Ist **eßbar**, sollte jedoch wegen seiner Seltenheit nicht gesammelt werden.

113

114

115

Pfeffer-Röhrling [114, 115] *(Chalciporus piperatus)*

Kenntlich am kleinen Wuchs, an den rostfarbenen Schattierungen aller Teile des Fruchtkörpers und am brennenden Geschmack des Fruchtfleisches.

Der **Hut** ist 20–60 mm breit und halbkugelig bis flach, an der Oberseite in der Jugend leicht bereift, dann kahl, bei feuchtem Wetter klebrig und gelb- bis braun-rötlich, bei trockenem Wetter gelb-bräunlich. Die **Röhrenmündungen** sind zimtrot bis rostig-kupferfarben. Der **Stiel** ist 30–80 mm hoch, 6–12 mm dick und zylindrisch, an der Basis oft spitz zulaufend, glatt und kahl, orangegelb bis gelbrötlich. Das **Fruchtfleisch** ist schon im frühen Reifezustand weich, gelblich und im unteren Teil des Stiels bis rostfarben, von unauffälligem Geruch und scharfem, würzigem Geschmack. Wächst von Juli bis November in Nadelwäldern, seltener unter Laubbäumen. Kommt in der Tiefebene bis hin zum Gebirgsvorland vor, stellenweise häufig. **Schwach giftig**. Ruft bei empfindlicheren Personen Hautausschlag und andere pseudoallergische Reaktionen hervor.

Gallen-Röhrling [116] *(Tylopilus felleus)*

Die Röhrenmündungen sind in der Jugend weiß, später rosa; das Fruchtfleisch ist bitter.

Der **Hut** ist 60–150 mm breit und gewölbt, dann flach bis polsterförmig, mit stumpfem Rand und dickfleischig, an der Oberseite in der Jugend leicht filzig und matt, später kahl, hellbraun, olivbraun bis dunkel graubraun. Die **Röhren** sind bis 25 mm lang und schon in frühem Reifezustand auffällig gewölbt. Ihre Mündungen sind in der Jugend weißlich, dann schmutzigrosa und an Druckstellen rostbraun verfärbend. Der **Stiel** ist 70–150 mm lang und 20–50 mm dick, in der Jugend tonnen-, später keulenförmig, seltener zylindrisch; das Netz an seiner Oberfläche ist in der Regel sehr auffallend, hoch und aus länglichen Augen bestehend, die oft bis zur Basis reichen. Der obere Teil des Stiels ist in der Jugend weißlich, dann nimmt der ganze Stiel einen ausgeprägt gelb- bis olivbraunen Ton an; die Netzrippen sind immer am dunkelsten. Das **Fruchtfleisch** ist in der Jugend fest, am Hut älterer Fruchtkörper weicher, aber elastisch, am Stiel faserig und weiß, am Schnitt bisweilen leicht rosa verfärbend, von schwachem, doch angenehmem Geruch; der Geschmack ist gewöhnlich sehr bitter, manchmal nur bitterlich. Wächst von Juni bis Oktober in Fichten- und Kiefernwäldern, stellenweise häufig.

Der Pilz ist wegen seiner Bitterkeit **ungenießbar**.

116

117

Strubbelkopf [117] *(Strobilomyces strobilaceus)*

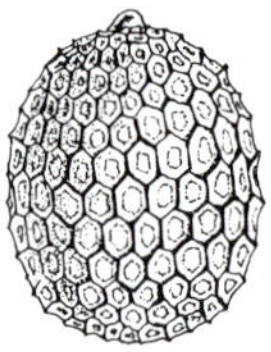

Spore

Leicht zu erkennen an den dicken Schuppen am Hut und an der Rotoxydation von Fruchtfleisch und gedrückten Poren. Der **Hut** ist 50 bis 140 mm breit und mit dicken angedrückten bis abstehenden filzigen Schuppen braungrauer, schwarzbrauner bis schwarzer Färbung bedeckt; die Haut in den Spalten zwischen den Schuppen ist weißlich. In der Jugend ist der Hutrand durch einen starken häutigen Schleier mit dem Stiel verbunden. Seine Überreste verbleiben auch am Rand des reifen Hutes, und ein Restteil bildet am Stiel einen vergänglichen Ring. Die

Röhrenmündungen (Poren) sind anfangs klein und gräulich, später ziemlich breit und bräunlich, nach Druck rot anlaufend. Der **Stiel** ist 80–200 mm lang und 15–30 mm dick, meist zylindrisch und sehr hart, holzig faserig, unterhalb der Ringzone grobflockig und wie der Hut gefärbt. Das **Fruchtfleisch** ist fleischig, wattig und auffallend trocken, aber elastisch, am Stiel fast holzig, in der Jugend weißlich, am Schnitt hellrötend, anschließend rotbraun bis schwarz verfärbend; hat einen leicht erdigen Geruch und milden, im Alter jedoch unangenehmen Geschmack. Die Hüte junger Fruchtkörper für Pilzmischungen verwendbar.

Hohlfuß-Röhrling [118, 119] *(Boletinus cavipes)*

Er hat große, längliche gelbe Poren und einen hohlen Stiel. Der **Hut** ist 40–120 mm breit und in der Jugend stumpfkegelig, dann niedrig gewölbt bis flach, in der Regel mit einem markanten Buckel. Der Rand ist in der Jugend nach unten gebogen, später scharf und lange mit weißlichen Schleierresten bedeckt; die Haut ist trocken, in der Jugend filzig und im Reifezustand geschuppt, bei den typisch gefärbten Fruchtkörpern rotbraun und bei der hellen Form (*f. aurea*) gelb. Die **Röhrenmündungen** sind strahlenförmig angeordnet, gelblich bis gelboliv und in der Jugend mit einem weißlichen Schleier verdeckt. Der **Stiel** ist 40–100 mm hoch und 10–20 mm dick, röhrenförmig hohl und geschuppt, gelblich bis rostfarben, mit einem ausgefransten, bald verschwindenden Ring. Das **Fruchtfleisch** ist elastisch, am Hut saftig und gelblich, am Stiel trockener und weißlich, fast geruchlos, von säuerlichem bis bitterlichem Geschmack. **In der Jugend eßbar.**

118

119

120

Ziegenlippe oder **Filziger Röhrling** [120, 121] *(Xerocomus subtomentosus)*

121

Zu erkennen an schönen gelben Poren, die sich nach Druck nicht blau verfärben.

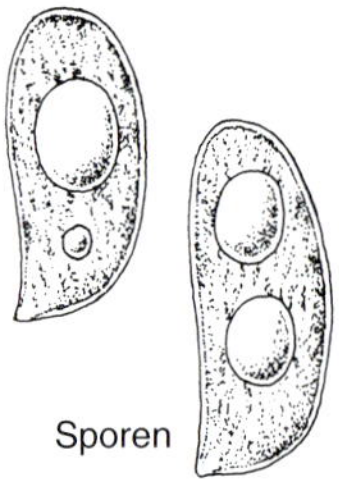

Sporen

Der **Hut** ist 30 bis 100 mm breit und samtig bis filzig, matt und gelb-, okker- oder oliv- bis graubraun. Der **Stiel** ist 50–100 mm hoch und 10 bis 20 mm dick, zylindrisch oder spindelförmig, oft gerieft und meist gelb. Das **Fruchtfleisch** ist am Hut butterartig und weißlich, am Stiel hart, faserig und gelb; Geruch und Geschmack sind angenehm, nur die Haut am Hut ist etwas bitter.

Wächst von Juni bis Oktober unter Laub- und Nadelbäumen.

Kommt in der Tiefebene bis hin zum Gebirgsvorland häufig vor.

Ist **eßbar** und schmackhaft; holzige Stiele und die Haut am Hut werden nicht verwendet.

Schmarotzer-Röhrling [122] *(Xerocomus parasiticus)*

Wächst aus dem Basalteil lebender Fruchtkörper von Kartoffelbovisten (*Scleroderma*) heraus.

Der **Hut** ist 20–70 mm breit und an der Oberseite filzig, matt und oft felderig aufgesprungen, leder- bis olivgelb. Die **Röhrenmündungen** sind gelb und im Alter braunoliv.

Der **Stiel** ist 20–70 mm hoch und 5–10 mm dick, keilförmig, filzig und gelblich bis gelbbraun gefärbt. Das **Fruchtfleisch** ist fest und meist gelblich, von unauffälligem Geruch und Geschmack.

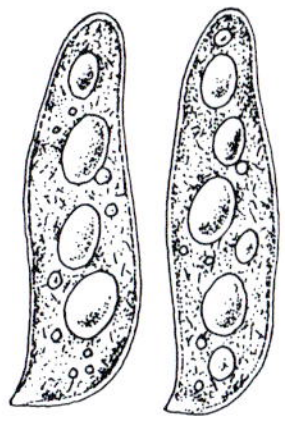

Sporen

Wächst von August bis Oktober in Laub- und Nadelwäldern auf sauren Böden im Areal von Kartoffelbovisten, auf denen er parasitisch lebt. Kommt in der Tiefebene bis hin zum Gebirgsvorland vor.

Ist **eßbar**, verdient aber wegen seines ziemlich seltenen Vorkommens eher Schutz.

122

123

Maronen-Röhrling oder **Braunhäuptchen** [123, 124] *(Xerocomus badius)*

124

Daran zu erkennen, daß gedrückte Poren und aufgeschnittenes Fruchtfleisch sich blau verfärben.

Der **Hut** ist 40–120 mm breit und in der Jugend filzig, später kahl, kastanien-, dunkel- bis schwarzbraun. Die **Röhrenmündungen** sind anfangs weißlich bis gelblich, später goldgelb bis gelb-grünlich. Der **Stiel** ist 50–100 mm hoch, 10 bis 40 mm dick, fest, feinfaserig und auf gelblichem Untergrund gewöhnlich braun-rötlich. Das **Fruchtfleisch** ist in der Jugend hart und butterartig, später am Stiel verholzend, weißlich bis gelblich, am Schnitt in der Jugend und bei feuchtem Wetter auffällig blau werdend, von angenehmem Geruch und Geschmack.

Wächst von Juni bis November in Nadelwäldern, vor allem auf sauren Böden. Kommt in der Tiefebene bis hin zum Gebirgsvorland häufig vor.

Ist **eßbar**, sehr schmackhaft und eignet sich für jegliche Frischzubereitung sowie zum Konservieren.

Heiden-Röhrling [125] *(Xerocomus badiorufus)*

Ähnelt der vorigen Art, wächst aber unter Eichen und Buchen, in der Regel auf sandigem, saurem Boden im Heidekraut.

Der **Hut** ist 50–150 mm breit und gewölbt, ausnahmsweise bis leicht vertieft, meist unregelmäßig gewunden, runzelig oder bucklig, am Rand in der Jugend nach unten gebogen. Die Haut ist ausgeprägt filzig und matt, hell- bis dunkel rotbraun; verliert im Alter teilweise den Filz und zerspringt oft in kleine Felder. Die **Röhren** sind auffallend niedrig, mit kleinen gelben bis gelb-grünlichen Poren, die nach Druck blau werden. Der **Stiel** ist 40–80 mm hoch, 20–60 mm dick, kegel-, spindelförmig oder bauchig und kürzer als der Hutdurchmesser, an der Basis immer spitz zulaufend, ohne Netz und leicht geflockt, oben weißlich bis gelb-bräunlich, weiter unten rostbraun. Das **Fruchtfleisch** ist dickfleischig, hart und weißlich, in der Jugend über den Röhren oder unter der Huthaut oft etwas gelblich werdend, im Alter am Schnitt fleckig blauend oder blaugrün verfärbend, bei Trockenwerden braun anlaufend. Riecht ähnlich wie der Steinpilz, hat aber oft einen bitteren Geschmack.

Wächst von Juli bis August in Eichen- und Buchenwäldern, gewöhnlich im Heidekraut. Kommt in Hügellandschaften und im Gebirgsvorland vor, ist aber sehr selten: bisher sind in Europa nur wenige Fundorte bekannt.

Ist **eßbar**, verdient jedoch höchsten Schutz.

125

126

Rotfuß-Röhrling oder **Rotfüßchen** [126] *(Xerocomus chrysenteron)*

Die Hutoberseite ist in der Jugend samtig und schwarzbraun, später graubräunlich und gewöhnlich felderig aufgesprungen.

Der **Hut** ist 30–100 mm breit und gewölbt bis polsterförmig, an der Oberseite in der Jugend samtig, später kahl werdend und aufspringend, besonders bei trockenem Wetter, anfangs sehr dunkel und mit der Zeit ausblassend (Äußeres und Farbe der jungen und alten Fruchtkörper zeigen beträchtliche Unterschiede). Die **Röhrenmündungen** sind ziemlich groß und zuerst gelblich, dann gelb-grünlich bis gold-bräunlich, bei jüngeren Fruchtkörpern nach Druck schmutzig-blaugrün verfärbend. Der **Stiel** ist 40 bis 80 mm lang und 10–20 mm dick, zylindrisch und unten verjüngt, oben gelb und weiter unten braun-rötlich bzw. mit blut- oder violettroten Tönen, im Alter oft rotkörnig. Das **Fruchtfleisch** ist in der Jugend hart, bald aber auffallend weicher werdend und anfangs auf dem ganzen Fruchtkörper gelb, am Stiel jedoch später braunrot, am Schnitt nur leicht blauend und bei Trockenwerden schmutzigrot verfärbend; es hat einen schwachen obstigen Geruch und milden Geschmack.

Wächst von Juni bis November in Nadel- und Laubwäldern, hauptsächlich auf silicium- und kalkhaltigen Boden. Kommt in der Tiefebene bis hin zum Gebirgsvorland vor und ist in seinem typischen Biotop immer häufig.

Ist **eßbar**, in der Jugend sehr schmackhaft und frisch für jegliche Küchenzubereitung oder zum Einlegen in Essig geeignet. Kann auch getrocknet werden. Ältere Fruchtkörper sind zu weich und in der Regel von Insektenlarven beschädigt oder schimmelig.

Aprikosen-Röhrling [127] *(Xerocomus armeniacus)*

Die Haut am Hut ist meist orangebraun, in der Jugend auch mit einem rosa Schimmer und im Alter braunrot; das Fruchtfleisch ist blau.

Der **Hut** ist 25–100 mm breit und an der Oberseite in der Jugend samtig, dann kahl werdend, im Alter oft felderig aufgesprungen. Die **Röhrenmündungen** sind in der Jugend gelb, dann gelb-grünlich, an Druckstellen blauend. Der **Stiel** ist 30–100 mm hoch, 7–15 mm dick und ähnlich wie der Hut gefärbt, nur Oberteil und Basis sind oft gelblich. Das **Fruchtfleisch** am Hut und am Oberteil des Stiels ist gelblich, am Schnitt blau verfärbend und am Unterteil des Stiels immer goldbräunlich; es hat einen angenehmen Geruch und Geschmack.

Wächst von Juni bis November in Nadel- und Laubwäldern, vor allem unter Kiefern und Eichen. Bevorzugt sandige Böden. Kommt von der Tiefebene bis zum Gebirgsvorland vor, jedoch selten und nur im Bereich der wärmeliebenden Flora.

Ist zwar **eßbar**, verdient aber eher Schutz.

127

128

Dunkler Rotfuß-Röhrling [128] *(Boletellus fragilipes)*

Charakteristisch ist die samtige, bereifte und nicht aufgesprungene Haut am Hut.

Der **Hut** ist 30–100 mm breit und oliv- oder grau- bis schwarzbraun, oft mit einer purpurnen Schattierung. Die **Röhrenmündungen** sind gelb bis gelb-grünlich, an Druckstellen schmutzigblau verfärbend. Der **Stiel** ist 40–100 mm hoch, 10–25 mm dick und zylindrisch, in der Jugend ganz gelb, färbt sich aber bald braunrot. Das **Fleisch** ist in der Jugend am ganzen Fruchtkörper saftig, am Stiel brüchig, später faserig und zäh, am Hut auch im Reifezustand ziemlich hart, gelb, am Schnitt leicht blauend und bei Trokkenwerden rot anlaufend, von obstartigem Geruch und köstlichem Geschmack.

Wächst von September bis November in Laub- und Nadelwäldern, besonders unter Buchen und Eichen. Kommt in Hügellandschaften bis hin zum Bergland vor, stellenweise häufig (ist in alten Buchenwäldern oft die dominierende Pilzart).

Eßbar und sehr schmackhaft.

Düsterer Porphyrröhrling [129] *(Porphyrellus porphyrosporus)*

Gekennzeichnet durch graubraune Schattierungen an der Haut von Hut und Stiel sowie an den Röhrenmündungen älterer Fruchtkörper.

Der **Hut** ist 50–150 mm breit und gewölbt bis polsterförmig, an der Oberseite leicht samtig und trocken, grau, graubraun oder schwarzbraun, oft auch mit einer olivfarbenen Schattierung. Die **Röhrenmündungen** sind in der Jugend gräulich, später schmutzigbraun, an Druckstellen schwarzbraun. Der **Stiel** ist 60–160 mm lang und 20–40 mm dick, in der Jugend bis bauchig, dann schmal keulen- oder spindelförmig bis zylindrisch, ohne Netz, filzig, später kahl werdend, unten schmutzig-weißlich und weiter oben wie der Hut gefärbt. Das **Fruchtfleisch** ist anfangs fest und weißlich, später wattig, weich und gräulich, an der Luft bisweilen schmutzigrötend oder grauschwärzend.

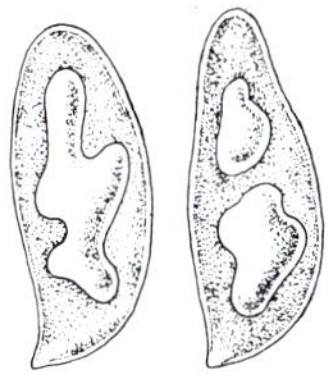

Sporen

Der Geruch ist veränderlich – unauffällig, sauer bis harzartig, der Geschmack mild bis leicht brennend, gewöhnlich unangenehm.

Wächst von Juli bis Oktober in Nadelwäldern, vor allem in Fichtengehölzen, manchmal auch unter Buchen. Bevorzugt saure Böden. Kommt in Hügellandschaften bis hin zur unteren Berggrenze vor, stellenweise häufig.

Eßbar, aber von minderwertiger Qualität.

Filziger Gelbfuß [130] *(Chroogomphus helveticus)*

130

Zu erkennen an der trockenen und filzigen bis geschuppten Haut am Hut; wächst in Fichtenwäldern und unter einigen Kiefern.

Der **Hut** ist 40–80 mm breit, in der Jugend halbkugelförmig bis fast stumpfkegelig mit nach unten gebogenem Rand. Später wird er flach gewölbt, ohne auffälligeren Buckel. Er ist an der Oberseite anfangs samtig bis faserig filzig, dann kahl werdend, am Rand aber lange mit den filzigen Resten des Schleiers und um den Scheitel herum bisweilen geschuppt, matt, orangebräunlich bis rötlichockerfarben, oft auch mit einer rosavioletten Schattierung am Rand. Die **Blätter** laufen am Stiel herab und sind spärlich, ähnlich wie der Hut gefärbt und im Alter bis schwarzbraun. Der **Stiel** ist 50 bis 80 mm lang und 8 bis 20 mm dick, zylindrisch, faserig und meist wie der Hut gefärbt. Das **Fruchtfleisch** ist elastisch, aber wenig saftig, fast wattig, hellorange, am Stiel gelb bis orangegelb, von angenehmem Geruch und süßlichem Geschmack.

Wächst von Juli bis Oktober unter Fichten, jedoch auch unter Fünfnadel-Kiefern (Weymouths- und Zirbelkiefer). Bevorzugt saure Böden, verträgt aber auch einen kalkhaltigen Untergrund. Kommt in Hügellandschaften bis hin zum Bergland vor, stellenweise häufig.

Ist **sehr schmackhaft**, frisch allseitig verwendbar und auch zum Konservieren in Essig geeignet.

Kupferroter Gelbfuß [131, 132] *(Chroogomphus rutilus)*

Hat einen spitzgebuckelten, nicht filzigen, in der Jugend klebrigen Hut; wächst in Kiefernwäldern.

Der **Hut** ist 30–100 mm breit und in der Jugend kegelförmig, dann gewölbt bis flach, meist mit einem sichtbaren Buckel und bis zum frühen Reifezustand mit nach unten gebogenem Rand ausgestattet, an der Oberseite glatt, fast kahl und in der Jugend klebrig, später trocken und seidig glänzend, braunorange bis kupferrot, oft mit einer trübvioletten Schattierung. Die **Blätter** laufen am Stiel herab und sind spärlich, in der Jugend gelborange, später schmutzig-violettbräunlich bis schwarzbraun. Der **Stiel** ist 40–100 mm lang und 8–18 mm dick, zylindrisch und fest, leicht faserig, bisweilen mit einer Andeutung von Ring, oben wie die Haut am Hut gefärbt, weiter unten jedoch eher gelbbraun, oft auch mit einem Gelbolivschimmer. Das **Fruchtfleisch** ist ziemlich fest und elastisch, aber wenig saftig, gelblich bis gelborange, fast geruchlos und von angenehmem süßlichen Geschmack.

131

Wächst von Juli bis November in Kiefernwäldern. Bildet meist eine mykorrhitische Gemeinschaft mit der Föhre (*Pinus silvestris*), bindet sich aber auch an andere Zweinadel-Kiefern (*Pinus nigra, Pinus mugo*). Bevorzugt basische Böden auf kalkreichem Untergrund. Kommt in Hügellandschaften bis hin zu Hochgebirgsregionen vor (bis in Regionen, wo die Latschenkiefer gedeiht), sehr häufig in kalkhaltigen Kiefernwäldern des Gebirgsvorlandes.

Ist **eßbar**, sehr schmackhaft und eignet sich zur Frischzubereitung sowie zum Einlegen in Essig (verfärbt sich nach dem Kochen hübsch violett).

132

133

Großer Schmierling oder **Kuhmaul** [133] *(Gomphidius glutinosus)*

Charakteristische Merkmale sind eine schleimige Haut an Hut und Stiel und Gelbfärbung von Haut und Fruchtfleisch am Unterteil des Stiels.

Der **Hut** ist 40–120 mm breit, in der Jugend stumpfkegelig oder halbkugelförmig, später niedrig gewölbt und im Alter leicht eingedrückt bis trichterförmig, dickfleischig und glatt, in der Jugend mit einer starken, im Alter mit einer dünnen Schleimschicht bedeckt, glänzend und anfangs violettgrau oder dunkel graubraun, später heller, fleischgrau oder rötlich-braun, oft mit schwärzlichen Flecken. Die **Blätter** sind in der Jugend von einem durchsichtigen schleimigen Häutchen verdeckt und laufen weit am Stiel herab. Sie sind spärlich, anfangs weißlich, dann gräulich und werden im Alter schwarz. Der **Stiel** ist 50–120 mm hoch und 15–30 mm dick, zylindrisch und unterhalb der Blätter leicht zusammengedrückt, fest, von einer starken Schleimschicht bedeckt, mit einer faserigen, dunkleren, ringförmigen Zone ausgestattet, im oberen Teil weißlich und im unteren gelb. Das **Fruchtfleisch** ist fleischig und weich, aber ziemlich fest, weißlich, im Alter gräulich und am unteren Teil des Stiels orangegelb, von unauffälligem Geruch und angenehmem Geschmack.

Wächst von Juli bis November in Fichtenwäldern, vor allem an hellen Stellen. Bevorzugt saure Böden. Kommt in der Tiefebene bis hin zum Bergland vor, stellenweise häufig – hauptsächlich im Gebirgsvorland.

Ist **eßbar**, für jedwede Frischzubereitung geeignet und in Essig köstlich.

Samtfuß-Krempling [134] *(Paxillus atrotomentosus)*

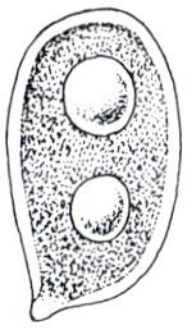

Spore

Wir erkennen ihn an der dunkel- bis schwarzbraunen samtigen Haut am Stiel.

Der **Hut** ist 60–200 mm breit und gewölbt oder flach bis eingedrückt, mit einem markant nach unten gebogenen Rand, in der Jugend samtig und im Alter kahl, braun, rostbraun bis olivbraun. Die **Blätter** sind dicht, am Stiel herablaufend und querverbunden, in der Jugend cremefarben bis gelblich, dann ockergelb und an Druckstellen braun verfärbend. Der **Stiel** ist 30–70 mm hoch und 20–50 mm dick, bisweilen unter der Erde wurzelartig verlängert, dunkel- bis schwarzbraun samtig. Das **Fruchtfleisch** ist fleischig, saftig und gelblich, von säuerlichem Geruch und bittersaurem Geschmack.

Wächst von Juli bis November an abgestorbenem Holz von Fichten und Kiefern, hauptsächlich an Stümpfen, Wurzeln und verwesenden, im Boden versunkenen Holzresten. Kommt in der Tiefebene bis hin zum Gebirgsvorland vor, stellenweise ziemlich häufig.

Schwach giftig (kann zu Erbrechen führen).

134

Kahler oder **Empfindlicher Krempling** [135, 136] *(Paxillus involutus)*

Gekennzeichnet durch einen stark nach unten gebogenen Hutrand sowie die schnelle Braunverfärbung von gedrückten Blättern und angeschnittenem Fruchtfleisch.

Der **Hut** ist 50–150 mm breit und in der Jugend oft ausgebuckelt, dann flach oder in der Mitte eingedrückt und am Rand fast bis ins Alter nach unten gebogen, an der Oberseite anfangs filzig, dann kahl werdend, bei feuchtem Wetter schleimig, bei trockenem etwas glänzend, olivgrau, ocker- oder rotbraun, an Druckstellen dunkler werdend. Die **Blätter** laufen am Stiel herab und sind dicht, in der Jugend gelblich, dann olivocker bis rostfarben, an Druckstellen dunkel, wäßrigbraun. Der **Stiel**

135

136

ist 40–70 mm lang und 10 bis 25 mm dick, fest, voll und kahl, schmutziggelb bis rostbraun. Das **Fruchtfleisch** ist fleischig, saftig und orange-gelblich, am Schnitt braunrot und dann braun verfärbend, von angenehmem obstartigen Geruch und säuerlichem Geschmack.

Wächst von Juni bis November in Laub- und Nadelwäldern, auf feuchten und trokkenen Böden, vor allem unter Birken. Bevorzugt sauren Untergrund, verträgt aber auch kalkhaltigen. Kommt in der Tiefebene bis hin zur unteren Berggrenze vor. Ist ein häufiger, in vielen Gegenden der dominierende Pilz.

Nicht sammeln! Er enthält Substanzen, die nach wiederholtem Genuß eine allergische Reaktion hervorrufen, mit anschließender ernsthaften Schädigung der roten Blutkörperchen (bekannt sind auch tödliche Fälle).

Erlen-Krempling [137] *(Paxillus rubicundulus)*

Er hat einen geschuppten Hut und gabelförmig geteilte Blätter, die in der Jugend goldgelb sind; wächst nur in der Nähe von Erlen.

Der **Hut** ist 50–100 mm breit und in der Jugend fast flach, im Reifezustand leicht vertieft, zuerst mit einem schmalen, nach unten gebogenen Rand und filzig, dann mit geradem Rand und angedrückt geschuppter, unregelmäßig aufgesprungener Haut, meist grau-, oliv- oder rotbraun. Die **Blätter** sind niedrig, dicht und am Stiel herablaufend, ziemlich lange gelb und im Alter rostfarben, an Druckstellen langsam rotbraun anlaufend. Der **Stiel** ist 30–60 mm lang und 7–15 mm dick, meist leicht exzentrisch, zylindrisch und unten spitz zulaufend, an der Oberfläche etwas filzig und rötlich-braun, in der Jugend aber oben goldgelb wie die Blätter; die Basis ist durch dünne Fäden mit dem Myzel verbunden. Das **Fruchtfleisch** ist saftig und hellgelb, am Stiel rostfarben und am Schnitt fast ohne Farbänderung; der Geruch ist schwach und der Geschmack säuerlich.

Wächst von Juli bis November unter Erlen. Kommt von der Tiefebene bis zum Gebirgsvorland vor, in feuchtem Erlenbestand an Flußufern stellenweise häufig.

Ungenießbar.

137

138

Leuchtender Ölbaumpilz [138, 139] *(Omphalotus olearius)*

139

Gekennzeichnet durch büscheliges Wachstum an Holz von Laubbäumen und eine gelbe, später orangerote Färbung der Fruchtkörper.

Der **Hut** ist 40–120 mm breit, anfangs gewölbt, mit nach unten gebogenem Rand, bald jedoch trichterförmig vertieft, in der Jugend satt goldgelb, dann orangefarben, orangerot oder orangebraun bis kastanienbraun, im Reifezustand von eingewachsenen Radialfasern gezont. Die **Blätter** laufen weit am Stiel herab, sind dicht und ziemlich elastisch, in der Jugend goldgelb, dann gelborange, im Alter auch mit einer braun-rötlichen Schneide. Die Blätter jüngerer

Fruchtkörper phosphoreszieren oft in der Dunkelheit. Der **Stiel** ist 50–120 mm hoch, 10–20 mm dick und zäh, leicht faserig und orangegelb, dann gelbbraun und im Alter bis braunrot. Das **Fruchtfleisch** ist zäh, elastisch und fest, am Hut gelb und am Stiel etwas dunkler; es riecht in der Jugend recht angenehm, dann etwas schwer nach Öl; der Geschmack ist mild, mitunter ein wenig mundzusammenziehend.

Wächst von Juli bis November an abgestorbenem Holz von Oliven, Eichen, Kastanien und anderen Laubbäumen. Kommt in der Tiefebene und in Hügellandschaften vor, doch nur in wärmeren Gegenden; ist stellenweise recht häufig.

Gehört zu den **mittelgiftigen Pilzen**, ruft Unwohlsein und Erbrechen hervor.

Falscher Pfifferling [140] *(Hygrophoropsis aurantiaca)*

Wir erkennen ihn an der Orangefärbung von Blättern, Stiel, Fruchtfleisch und Huthaut.

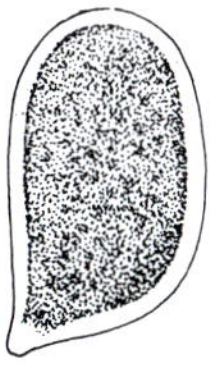

Spore

Der **Hut** ist 30–70 mm breit und in der Jugend niedrig gewölbt, bald jedoch leicht trichterförmig, am Rand bis zum frühen Reifezustand nach unten gebogen, an der Oberseite leicht filzig und matt, orangegelb, hellorange und in der Mitte bis orangerot. Die **Blätter** laufen ziemlich weit am Stiel herab und sind dicht, oft gegabelt, elastisch und orangefarben oder orangegelb. Der **Stiel** ist 30–70 mm hoch, 6–12 mm dick und oft exzentrisch, die Oberfläche leicht filzig bis fast kahl und gelborange. Das **Fruchtfleisch** ist dünn und wattig weich, hellorange, von unauffälligem Geruch und recht unangenehmem bitterlichen Geschmack.

Wächst von September bis November in Nadelwäldern, besonders Kiefern- und Fichtengehölzen, bisweilen auch unter Laubbäumen, gewöhnlich auf der Erde und in feuchtem Humus, manchmal auch auf morschem Holz. Kommt in der Tiefebene bis hin zum Gebirgsvorland häufig vor.

Ist **schwach giftig**. Der Genuß einer größeren Menge Fruchtkörper ruft gesundheitliche Beschwerden hervor.

140

141

Kapitel 7

PASTELLFARBENE SCHNECKLINGE

Mitunter zeigt sich Schönheit oder eine andere positive Eigenschaft bei allen Mitgliedern einer Familie und vererbt sich durchgehend. Eine solche Einheitlichkeit finden wir auch im Pilzreich. In der Familie der Schnecklingsartigen (Hygrophoraceae) *zeichnen sich alle Vertreter nicht nur durch weiches, saftiges Fruchtfleisch aus, sondern auch durch eine schöne Pastellfärbung der Fruchtkörper. Und diese Einheitlichkeit ist auch bezüglich der Standorte festzustellen: Die fleischigen, zur Gattung* Hygrophorus *zählenden Arten wachsen in Wäldern, die Arten der Gattungen* Hygrocybe *und* Camarophyllus *dagegen meist außerhalb des Waldes auf Wiesen und Weiden.*

Durchgehendes Erkennungsmerkmal bei den Schnecklingen ist auch in den Augen eines Laien ihre lebhafte, geradezu lustige Färbung. Dabei dominieren Gelb, Orange und Rot, gefolgt von Ocker und Braun, Weiß und Grau, selbst Grün und Violett fehlen nicht – und das alles bisweilen sogar in leuchtend reinen Tönen, als habe die Natur hier ihre gesamte Palette ausprobieren wollen.

Trockener Schneckling [141] *(Hygrophorus penarius)*

Der weißliche Pilz mit nicht schleimigem Hut, spärlichen Blättern und einem spitz zulaufenden Stiel wächst nur auf kalkhaltigen Böden unter Laubbäumen.

Der **Hut** ist 50–120 mm breit und anfangs gewölbt, dann abgeflacht oder etwas eingedrückt, bisweilen mit einem stumpfen, nicht hohen Buckel. Er bleibt am Rand lange nach unten gebogen. Die Haut ist in der Jugend und bei feuchtem Wetter etwas klebrig, aber nicht schleimig, später trocken, matt und kahl, zumindest in der Jugend ganz weißlich und im Reifezustand meist mit einem ocker-gelblichen Scheitel versehen. Die **Blätter** laufen mäßig weit am Stiel herab und sind breit, ziemlich dick und elastisch, in der Jugend weißlich bis cremefarben, dann blaß ockergelb, mitunter stellenweise rötlich. Der **Stiel** ist 50–80 mm lang und 15–25 mm dick, zylindrisch, konisch oder spindelförmig und unten spitz zulaufend, hart, fest und voll, in der Jugend etwas klebrig, dann trocken und mit körnigen Flocken bedeckt, weißlich und an der Basis oft gelblich. Das **Fruchtfleisch** ist ziemlich fleischig, kompakt, fest und relativ trocken, am Stiel etwas faserig, weißlich und an der Stielbasis zartrosa, von schwachem Geruch und mildem Geschmack.

Wächst von September bis Oktober in Laubwäldern, besonders unter Eichen und Buchen, jedoch nur auf kalkhaltigem Untergrund. Kommt von der Tiefebene bis zum Gebirgsvorland vor, stellenweise ziemlich häufig.

Ist **eßbar**, aber wenig schmackhaft; für Pilzmischungen verwendbar, die frisch zubereitet oder in Essig konserviert werden.

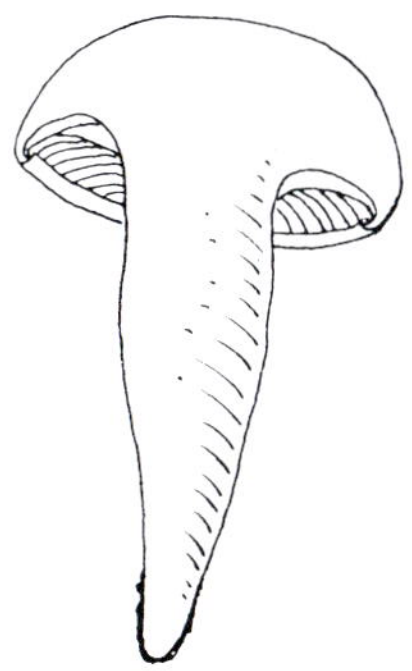

Schnitt durch einen Fruchtkörper

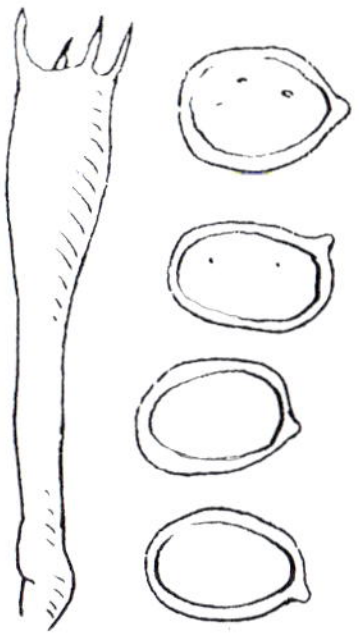

Basidie und Sporen

Elfenbein- oder **Starkriechender Schneckling** [142] *(Hygrophorus eburneus)*

142

Gekennzeichnet durch Weißfärbung an allen Teilen des Fruchtkörpers, schleimigen Hut, klebrigen Stiel und charakteristischen Standort in Buchenwäldern.

Der **Hut** ist 30–70 mm breit und in der Jugend stumpfkegelig oder hoch gewölbt, dann niedriger gewölbt oder abgeflacht, im Alter bis leicht vertieft, am Rand bis zur frühen Reife kurz nach unten gebogen, dann scharf, an der Oberseite glatt und sehr schleimig, glänzend und weiß, im Alter oft mit einem gelblichen Schimmer überzogen. Die **Blätter** sind ca. 5 mm breit, kurz am Stiel herablaufend und nicht allzu dicht, bisweilen sogar spärlich, ziemlich dick, fest und weiß. Der **Stiel** ist 50–120 mm lang und 5–12 mm dick, zylindrisch und voll, im Alter aber oft hohl, oben flockig und trocken, weiter unten von einer dünnen Schleimschicht bedeckt und klebrig, ganz weiß. Das **Fruchtfleisch** ist am Hut ziemlich weich, aber elastisch, am Stiel faserig, von schwachem Geruch und unauffälligem Geschmack.

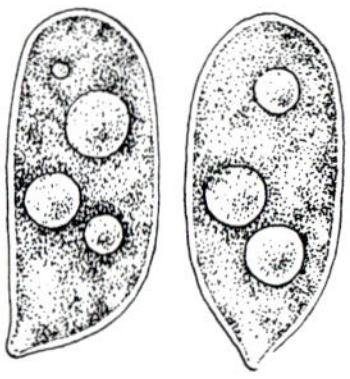

Sporen

Wächst von August bis November unter Buchen auf kalkhaltigen Böden, oft in zahlreichen Gruppen. Kommt von der Tiefebene bis zum Gebirgsvorland vor, in seinem typischen Biotop sehr häufig.

Ist **eßbar** und eignet sich zur Frischzubereitung sowie zur Konservierung in Essig.

Schleimberingter Schneckling [143, 144] *(Hygrophorus gliocyclus)*

Wir erkennen ihn am schleimigen Ring des Stiels und an den cremefarbenen Schattierungen am ganzen Fruchtkörper.

Der **Hut** ist 30–90 mm breit und in der Jugend kegelig glockenförmig, später niedrig gewölbt bis abgeflacht, mit einem breiten stumpfen Buckel versehen, in der Jugend am Rand nach unten gebogen, an der Oberseite glatt, in der Jugend und bei feuchtem Wetter sehr schleimig, bei trockenem klebrig, weißlich, cremefarben bis gelblich-ocker, am

Rand in der Regel heller und am Scheitel dunkler. Die **Blätter** laufen am Stiel herab, sind niedrig, spärlich und ziemlich dick, hell cremefarben und im Alter bis ockergelb. Der **Stiel** ist 40–100 mm lang und 10 bis 20 mm dick, zylindrisch und an der Basis spitz zulaufend, voll und fest, oben trocken und flockig, weiter unten von einer dicken Schleimschicht bedeckt, cremefarben bis strohgelb, am Oberteil mit einem nur 1–2 mm hohen schleimigen Ring. Das **Fruchtfleisch** ist ziemlich weich, aber zusammenhaltend, weißlich und unter der Haut am Hut strohgelb, von schwachem angenehmen Geruch und unauffälligem Geschmack.

Wächst von September bis November auf kalkhaltigen Böden in Kiefernwäldern (bindet sich an *Pinus silvestris*). Kommt in Hügellandschaften und im Gebirgsvorland vor, jedoch nur verstreut bis selten.

Ist **eßbar**, hat aber wegen seiner Seltenheit keine größere Bedeutung.

143

144

Hygrophorus gliocyclus – reife Fruchtkörper

145

Frost- oder **Gelbblättriger Schneckling** [145] *(Hygrophorus hypothejus)*

Charakterisiert durch eine schleimige Oberfläche von Hut und Stiel, die Gelbfärbung von Blättern und Stiel und sein spätes Vorkommen.

Der **Hut** ist 30–50 mm breit und gewölbt bis leicht gebogen, meist mit einem unauffälligen Buckel, oliv- oder gelbbraun, oft mit einem rostfarbenen Schimmer. Die **Blätter** laufen am Stiel herab und sind spärlich, zuerst weißlich, bald gelblich und dann gelb, im Alter auch mit Orangeschattierungen. Der **Stiel** ist 40–80 mm lang, 4–8 mm dick, zylindrisch, voll und glatt, schleimig und gelb; hat in der Jugend oben eine rasch vergängliche ringförmige Zone. Das **Fruchtfleisch** ist dünn, fest und gelblich, von unauffälligem Geruch und süßlichem Geschmack.

Wächst von Oktober bis November in Kiefernwäldern. Verträgt basische und saure Böden. Kommt von der Tiefebene bis zum Gebirgsvorland, stellenweise sehr häufig vor.

Ist **eßbar** und schmackhaft und wird Pilzmischungen beigefügt, die frisch zubereitet oder in Essig eingelegt werden.

Flamingo-Schneckling [146] *(Hygrophorus persicolor)*

Hat einen rosa-orangefarbenen Scheitel am Hut und helle, nicht fleckige Blätter.

Der **Hut** ist 40–90 mm breit und halbkugelig, abgeflacht bis leicht vertieft und fleischig, am Rand lange nach unten gebogen und am Scheitel eingewachsen geschuppt, rosa bis orangerosa, am Rand im Reifezustand heller, zartrosa bis cremefarben. Die **Blätter** sind breit angewachsen bis kurz herablaufend, ziemlich spärlich und weißlich cremefarben. Der **Stiel** ist 50–120 mm hoch, 10–20 mm dick und in der Jugend robust, im Reifezustand schlank und zylindrisch, in den oberen zwei Dritteln flockig geschuppt, weißlich bis zartrosa gefärbt. Das **Fruchtfleisch** ist ziemlich fleischig, saftig und weißlich, von unauffälligem Geruch und angenehmem Geschmack.

Wächst von Juli bis Oktober unter Fichten auf kalkhaltigem Untergrund. Kommt im Gebirgsvorland und in den unteren Bergregionen vor, jedoch selten.

Ist **eßbar**, verdient aber wegen seiner Seltenheit Schutz.

146

147

Rasiger Schneckling [147] *(Hygrophorus erubescens)*

Charakterisiert durch rote bis purpurfarbene Flecken an der Haut von Hut und Stiel und an den Blättern.

Der **Hut** ist 40–100 mm breit, fleischig und fest, am Rand lange nach unten gebogen und leicht filzig, um den Scheitel herum dicht mit winzigen violettroten Schuppen bedeckt und leicht schleimig, in der Jugend weißlich-cremefarben mit einem rötlichen Ton, dann rotfleckig, im Alter oft auch mit gelblichen Flecken bedeckt. Die **Blätter** sind spärlich und ziemlich dick, kurz bis lang am Stiel herablaufend und cremefarben, vom Hutrand her rot anlaufend, bei trockenem Wetter bis cremegelb ausblassend. Der **Stiel** hat 40–70 mm Länge, 10–20 mm Dicke, ist zylindrisch und auf cremefarben-weißlichem Untergrund mit kleinen faserigen Purpurschuppen bedeckt, stellenweise rostigfleckig, im Alter und bei trockenem Wetter leicht gelblich werdend. Das **Fruchtfleisch** ist fleischig, saftig und weißlich, später gelblich bis rötlich, von unauffälligem Geruch und bitterem Geschmack.

Wächst von Juli bis Oktober in Nadelwäldern auf kalkhaltigem Untergrund. Kommt in Hügellandschaften bis hin zum Bergland vor, in seinem typischen Biotop ziemlich häufig.

Ist **eßbar**, wegen seines bitterlichen Geschmacks aber nur in kleineren Mengen für Pilzmischungen verwendbar.

Goldzahn-Schneckling [148] *(Hygrophorus chrysodon)*

Zu erkennen an seinen goldgelben Flecken am Hutrand und im oberen Drittel des Stiels.

Der **Hut** ist 30–70 mm breit, am Rand ziemlich lange nach unten gebogen und dicht mit gezähnten gelben bis goldgelben Flocken bedeckt; die Haut ist bei feuchtem Wetter schleimig und in der Jugend weißlich, bald aber gelblich werdend. Die **Blätter** sind nicht allzu dicht und weißlich, bei sehr jungen Fruchtkörpern mit einer gelbflockigen Schneide, im Alter bisweilen mit einem fleischfarbenen Schimmer. Der **Stiel** hat 50 bis 100 mm Länge, 7–20 mm Dicke, ist zylindrisch und in der Jugend voll, später gepolstert, oben mit gelben Flocken und oft auch mit Tröpfchen bedeckt, in den unteren Partien leicht schleimig, weißlich, gelblich bis goldgelb. Das **Fruchtfleisch** ist ziemlich fleischig, saftig und weißlich, unter der Haut gelblich, von unauffälligem Geruch und angenehmem Geschmack.

Wächst von August bis November unter Buchen und anderen Laubbäumen, ausnahmsweise auch unter Nadelhölzern, jedoch nur auf kalkhaltigen Böden. Kommt in der Tiefebene bis hin zum Bergland vor, jedoch nicht häufig.

Ist **eßbar** und schmackhaft.

148

149

Braunscheibiger Schneckling [149] *(Hygrophorus discoideus)*

Kenntlich am schleimigen Hut mit ausgebuckeltem rotbraunen Scheitel und am durchsichtigen schleimigen Häutchen, das in der Jugend die Blätter verdeckt.

Der **Hut** ist 30–70 mm breit und anfangs gewölbt, später abgeflacht und im Alter manchmal auch leicht vertieft, fast immer aber mit einem breiten gerundeten Buckel versehen und am Rand in der Jugend nach unten gebogen, bald jedoch scharf, an der Oberseite glatt und sehr schleimig, in der Jugend ganz rotbraun, dann nur am Scheitel dunkel und an den Randteilen bis zu einer gelb-bräunlichen Schattierung ausblassend. Die **Blätter** sind dick und nicht allzu dicht, weißlich bis cremefarben, bisweilen mit einem gelblichen oder bräunlichen Schimmer. Der **Stiel** ist 40–70 mm lang und 6–12 mm dick, zylindrisch und anfangs voll, dann gepolstert und schließlich bis hohl, oben flokkig und weißlich, weiter unten leicht faserig und weißlich oder stellenweise bis leicht bräunlich. Aus dem Häutchen, das in der Jugend die Blätter verdeckt, bildet sich am Stiel ein kleiner schleimiger Ring, der jedoch sehr rasch spurlos verschwindet. Das **Fruchtfleisch** ist weich, aber elastisch, saftig und weißlich, unter der Haut am Hut sowie an der Basis und Höhlung des Stiels bräunlich, von unauffälligem Geruch und Geschmack.

Wächst von September bis November in Fichten- und Kiefernwäldern auf kalkhaltigem Untergrund. Kommt in Hügellandschaften bis hin zum Bergland vor, jedoch nicht häufig.

Ist **eßbar**, hat aber wegen seines sporadischen Vorkommens keine größere Bedeutung.

Grauweißer Schneckling [150, 151] *(Hygrophorus latitabundus)*

Fleischiger, auffallend schwerer Pilz mit schleimiger Haut an Hut und Stiel.

Der **Hut** ist 40–100 mm breit und anfangs gewölbt, später abgeflacht und im Alter bisweilen auch vertieft, dickfleischig und am Rand bis zum frühen Reifezustand markant nach unten gebogen, an der Oberseite sehr schleimig, grau-rostbraun, oft mit einer Olivschattierung, am Scheitel dunkler und am Rand heller. Die **Blätter** sind bis 10 mm breit und ziemlich dick, spärlich und weißlich-cremefarben. Der **Stiel** ist 50–90 mm lang und 10–30 mm dick, zylindrisch oder spindelförmig, an der Basis immer spitz zulau-

150

fend, voll, fest, hart und sehr schleimig, zumindest in der Jugend flockig geschuppt, weißlich und an Druckstellen schmutzigbraun, mit einem sehr rasch verschwindenden Ring. Das **Fruchtfleisch** ist dick und ungewöhnlich schwer, saftig, jedoch ziemlich hart und fest, weißlich, von schwachem Bittermandelgeruch und mildem Geschmack.

Wächst von September bis November in Kiefernwäldern auf kalkhaltigem Untergrund; sucht sich sonnige Stellen aus. Kommt in Hügellandschaften bis hin zum Gebirgsvorland vor, jedoch nicht häufig.

151

152

Ist **eßbar** und in verschiedenen Zubereitungen frisch sowie in Essig sehr schmackhaft. Die dicke Schleimschicht wird schon im Wald entfernt.

Wohlriechender Schneckling [152] *(Hygrophorus agathosmus)*

Kennzeichnend ist sein sehr aromatisches Fruchtfleisch; es riecht nach Bittermandel, Pfefferkuchen oder Anis.

Der **Hut** ist 30–80 mm breit, glatt und schleimig, hellgrau, aschfarben bis braungrau. Die **Blätter** sind spärlich, weißlich und laufen kurz am Stiel herab. Der **Stiel** ist 40 bis 90 mm hoch, 10–18 mm dick, trocken und weißlich, im oberen Teil flockig geschuppt. Das **Fruchtfleisch** ist saftig, ziemlich hart und fest, weißlich, von typischem Geruch und süßlichem Geschmack.

Wächst von September bis November in jungen oder gelichteten Fichtenwäldern. Kommt in Hügellandschaften und im Gebirgsvorland häufig vor.

Ist in kleineren Mengen für Mischungen geeignet. Der Genuß größerer Mengen kann Magenbeschwerden hervorrufen.

Natternstieliger Schneckling [153] *(Hygrophorus olivaceoalbus)*

Er hat einen langen Stiel mit fast schlangenförmiger Zeichnung, die von vertikalen Reihen länglicher Schuppen gebildet wird.

Der **Hut** ist 30–70 mm breit und in der Jugend glockenförmig, später niedrig gewölbt bis vertieft, mit einem kleinen Buckel, schleimig, eingewachsen faserig und grau- bis olivbraun; zwischen Hutrand und Stiel ist in der Jugend ein schleimiger weißlicher

Schleier. Die **Blätter** sind spärlich, ziemlich dick und oft gewellt, meist deutlich am Stiel herablaufend und weißlich. Der **Stiel** ist 60–150 mm lang und 7–15 mm dick, gleichmäßig stark und sehr schlank, voll, oben weiß, trocken und flockig, unter dem schmalen Ring in der Jugend schleimig und nach Vertrocknen des Schleims geschuppt; die aus dem vertrockneten Schleim entstehenden Schuppen sind wie die Haut am Hut gefärbt. Das **Fruchtfleisch** ist ziemlich dünn, weich und saftig, weiß und am Scheitel des Hutes gelblich, von schwachem Geruch und süßlichem Geschmack.

Wächst von August bis November in moosigen Fichtenwäldern auf sauren Böden. Kommt in Vorgebirgs- und Gebirgsregionen vor, stellenweise häufig.

Ist **eßbar**, sehr schmackhaft und eignet sich für vielfältige Frischzubereitungen sowie zum Konservieren in Essig.

153

154

Graubrauner Schneckling [154] *(Hygrophorus camarophyllus)*

Gekennzeichnet durch einen stämmigen Fruchtkörper mit graubrauner Haut an Hut und Stiel sowie durch helle, am Stiel herablaufende Blätter.

Der **Hut** ist 50–130 mm breit und anfangs glockenförmig, später niedrig gewölbt und im Alter bis leicht vertieft, oft gewellt, mit einem stumpfen Buckel, am Rand in der Jugend nach unten gebogen oder zumindest gekrümmt, fleischig, nicht hygrophan und nicht schleimig, strahlenförmig eingewachsen faserig und grau-bräunlich, dunkel- oder oliv- bis schwarzbraun. Die **Blätter** sind bis 10 mm hoch, dick und spärlich, weißlich bis hell-cremefarben, im Reifezustand mit einem grauen Schimmer bedeckt. Der **Stiel** ist 70–160 mm lang und 10–25 mm dick, zylindrisch, manchmal bis schmal spindelförmig, meist schlank und gekrümmt, an der Basis spitz zulaufend, voll oder teilweise hohl, fest und trocken, leicht faserig und in den gleichen Farbschattierungen wie der Hut anzutreffen, gewöhnlich aber heller und an der Basis weißlich filzig. Das **Fruchtfleisch** ist fest, am Hut saftig und elastisch, am Stiel faserig, unter der Haut am Hut dunkel und sonst weißlich, von schwachem angenehmen Geruch; sein Geschmack ist mild, zuerst süßlich nußartig, später mit einem schwachen Petroleum-Beigeschmack.

Wächst von August bis Oktober in Nadelwäldern auf saurem Boden. Kommt in Hügellandschaften bis hin zum Bergland vor, häufiger nur an feuchten, moosigen Stellen, insgesamt ist er jedoch selten.

Eßbar, aber nicht schmackhaft.

Schwarzfaseriger Schneckling [155] *(Hygrophorus atramentosus)*

Wir erkennen ihn an den Grauschattierungen der Haut an Hut und Stiel sowie an den Enden der am Stiel herablaufenden Blätter.

Der **Hut** ist 30–80 mm breit und eingewachsen faserig, dunkelgrau oder rußfarben, oft auch mit einem braunen oder blauen Schimmer. Die **Blätter** sind spärlich und elastisch, weißlich bis cremefarben. Der **Stiel** ist 40–100 mm hoch, 10–20 mm dick, in der Jugend voll und fest, im Alter hohl, gräulich bis dunkelgrau. Das **Fruchtfleisch** ist weiß, von unauffälligem Geruch und Geschmack.

Wächst von September bis November in Fichtenwäldern auf kalkhaltigem Untergrund. Kommt im Gebirgsvorland vor, jedoch selten.

Ist **eßbar**, sollte aber eher geschützt werden.

155

Wiesen- oder **Orange-Ellerling** [156] *(Camarophyllus pratensis)*

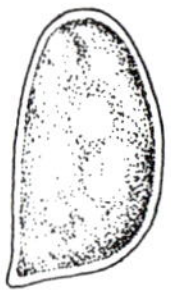

Spore

Fällt auf durch die Gelbockerfärbung von Hut, Blättern und Stiel sowie seine Standorte außerhalb des Waldes.

Der **Hut** ist 30–80 mm breit und bis zum frühen Reifezustand gewölbt, dann abgeflacht und im Alter bis leicht vertieft, mit einem breiten, stumpfen Buckel und dünnen Rand, glatt, kahl, nicht schleimig und schwach glänzend, gelbocker, gelb-rötlich bis rostorange, mit hellerem Rand und im Alter ganz ausblassend. Die **Blätter** laufen weit am Stiel herab und sind ziemlich stark, sehr spärlich, in der Mitte hoch und an beiden Enden verengt, wachsartig und anfangs cremefarben, bald jedoch gelbocker bis rötlich-gelb, oft mit einem orangefarbenen Schimmer und an der Schneide heller. Der **Stiel** ist 40–100 mm hoch und 7–15 mm dick, meist zylindrisch, oft aber oben verbreitert und unten verengt, voll, glatt, kahl und trokken, cremeocker bis rötlich-gelblich. Das **Fruchtfleisch** ist saftig, am Scheitel des Hutes fleischig und über den Blättern dünn, bei trockenem Wetter meist weißlich, bei feuchtem hellorange bis gelb-rötlich, wäßrig, von angenehmem Geruch und Geschmack.

Wächst von September bis November auf trockeneren bis leicht feuchten Wiesen und Weiden, auch an grasigen Waldrändern. Kommt von der Tiefebene bis zum Gebirgsvorland, stellenweise recht häufig vor.

Ist **eßbar**, schmackhaft und für Pilzmischungen geeignet, die frisch zubereitet oder in Essig konserviert werden. Die Pilzsammler schätzen ihn auch, weil er selten madig ist.

156

157

Schwärzender Saftling [157] *(Hygrocybe nigrescens)*

Außer den lebhaften Farben charakterisieren diese Art eine faserige Haut an Hut und Stiel und das Schwarzwerden des Fruchtfleisches.

Der **Hut** ist 40–90 mm breit und meist stumpfkegelig, trocken, orangegelb bis rot und im Alter schwarz verfärbt. Die **Blätter** sind bauchig und zitronengelb, nach Druck und im Alter auch von selbst schwarz werdend. Der **Stiel** ist 50–120 mm hoch, 7–15 mm dick und zylindrisch, gepolstert oder bis hohl, gelb und an der Basis weißlich, nach Druck und im Alter auch von selbst schwärzend. Das **Fruchtfleisch** ist wäßrig und gelblich, am Schnitt verfärbt es sich graulila und dann schwarz; es ist von schwachem Geruch und mildem Geschmack.

Wächst von August bis Oktober auf Wiesen und Weiden sowie an grasigen Stellen in hellen Wäldern. Kommt von der Tiefebene bis hin zum Gebirgsvorland, stellenweise häufig vor.

Ungenießbar bis schwach giftig.

158

Kapitel 8

DIE GROSSE VERWANDTSCHAFT DER RITTERLINGE

Die Ritterlinge waren Namensgeber für die Familie der Ritterlingsartigen (Tricholomataceae), *die allein in Europa über sechzig Gattungen mit mehreren hundert Arten umfaßt. Ihr gemeinsames Merkmal sind helle Blätter und ein heller Porenstaub. Die weißliche Blattfärbung haben sie mit den Vertretern der Gattungen Wulstling und Schirmling gemeinsam, obwohl diese zu anderen Familien gehören.*

Der für uns wichtigste Vertreter der Ritterlingsartigen ist wohl der Mairitterling, denn ihn schätzen alle europäischen Völker als Leckerbissen: nicht nur, weil er attraktiv aussieht und sauber ist, auffallend riecht und herrlich schmeckt, sondern auch, weil er kaum mit Giftpilzen verwechselt werden kann; außerdem ist er häufig in großen Mengen anzutreffen und kommt auch schon zeitig im Frühling und Frühsommer vor, wenn andere Arten von Blätterpilzen mit gleichwertigen Eigenschaften und Vorzügen in der Natur noch nicht zu finden sind.

Mairitterling, Maipilz oder **Mai-Schönkopf** [158] *(Calocybe gambosa)*

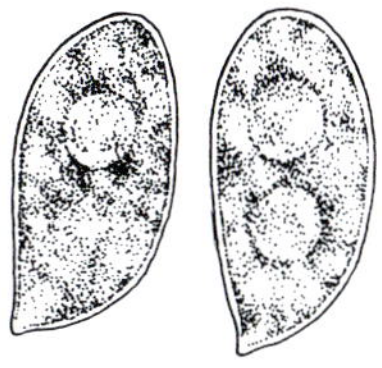

Sporen

Zu erkennen an seiner hellen Färbung, an den dichten Blättern, einem mehligen Geruch und relativ zeitigem Vorkommen.

Der **Hut** ist 40–100 mm breit, in der Jugend hoch und später leicht gewölbt, im Alter flach oder gewellt und am Rand bis zum frühen Reifezustand kurz nach unten gebogen, dickfleischig und fest, an der Oberseite glatt, kahl und trocken, weißlich oder cremefarben, oft mit einer Hellocker- oder bräunlichen Schattierung. Die **Blätter** sind niedrig, sehr dicht und dünn, weißlich oder hell cremefarben, im Alter mit einem Ockerschimmer. Der **Stiel** ist 40–80 mm hoch und 10–30 mm dick, ausnahmsweise auch höher und schlanker, meist zylindrisch, fest und voll, im Alter bis gepolstert, an der Oberfläche trocken, in der Jugend oben leicht bestaubt und weiter unten mäßig faserig oder kahl, gewöhnlich weißlich, bisweilen mit einem gelblichen Schimmer. Das **Fruchtfleisch** ist fest und ziemlich hart, aber saftig, weißlich und am Schnitt ohne Farbänderung; es riecht markant wie frisches Mehl oder frische Gurken und schmeckt auch so.

Wächst in Gruppen oder Ringen an grasigen Stellen wie Wiesen, Weiden, Gärten, Feldrainen, Weg- und Waldrändern, aber auch in hellen Wäldern und Gebüschen. In niedrigeren Lagen erscheinen die Fruchtkörper im April und Mai, in hohen, kühlen Lagen meist im Juni und Juli. Kommt in der Tiefebene bis hin zur Hochgebirgsregion vor, stellenweise häufig. Bevorzugt frische Böden mit höherem Kalkgehalt. Auch wenn er sich an keinen Baum oder Strauch bindet, kommt er in der Nähe einiger Holzgewächse (z.B. Weißdorn) doch häufiger vor als anderswo. Ist seinem Standort treu, so daß er an derselben Stelle bis über zehn Jahre lang gesammelt werden kann.

Eßbar, sehr schmackhaft und allseitig verwendbar.

159

Widerlicher oder **Strohblasser Ritterling** [159] *(Tricholoma album)*

Erinnert mit seiner hellen Farbe an die vorige Art (Mairitterling), wächst aber später und riecht außerdem unangenehm.

Der **Hut** ist 40–100 mm breit und zuerst bis glockenförmig, später niedrig gewölbt oder flach, oft gewellt, gewöhnlich mit einem stumpfen breiten Buckel, fleischig und ziemlich brüchig, an der Oberseite trocken und glatt, weißlich oder creme-weißlich, am Scheitel bis hellocker. Die **Blätter** sind bis 10 mm hoch, ziemlich dicht, dünn und brüchig, vom Fruchtfleisch leicht zu entfernen und weißlich-cremefarben, bisweilen mit rostorange Flecken, bei trockenem Wetter bräunlich werdend (ähnlich dunkelt auch die Haut von Hut und Stiel). Der **Stiel** ist 50–120 mm hoch und 10–25 mm dick, meist zylindrisch, bisweilen eng spindelförmig und an der Basis oft spitz zulaufend, ziemlich tief in den Boden versunken, voll und hart, an der Oberfläche faserig bis fast kahl, weißlich, manchmal auch mit leicht rostfarbenen Flecken überzogen. Das **Fruchtfleisch** ist ziemlich zäh und trocken, am Stiel faserig, immer weißlich und von veränderlichem Geruch – in der Jugend fast mehlartig, bald aber unangenehm, erdig bis widerlich (wie DDT) – und von bitterem Geschmack.

Wächst von August bis Oktober in Laubwäldern, hauptsächlich unter Eichen und Birken. Kommt in der Tiefebene und in Hügellandschaften vor, auf sauren Böden häufig.

Ungenießbar.

Erd-Ritterling [160] *(Tricholoma terreum)*

Wir erkennen ihn an den faserigen schwärzlichen Schüppchen am Hut und an dem grauen Schimmer auf reifen Blättern.

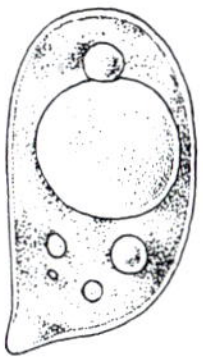

Spore

Der **Hut** ist 30–80 mm breit und kegelförmig bis flach ausgebreitet, mit einem stumpfen kleinen Buckel und meist grau oder graubraun. Die **Blätter** sind ziemlich brüchig und in der Jugend weißlich, dann aschfarben gräulich. Der **Stiel** ist 40–80 mm hoch, 8–15 mm dick und brüchig, weißlich bis gräulich. Das **Fruchtfleisch** ist brüchig, am Hut gräulich und am Stiel weißlich, von leicht erdigem Geruch und mildem Geschmack.

Wächst von September bis November in Nadelwäldern, vor allem in Kieferngehölzen. Kommt häufig in der Tiefebene bis hin zum Gebirgsvorland vor.

Ist **eßbar**, schmackhaft und für Pilzmischungen geeignet, die frisch zubereitet oder in Essig eingelegt werden.

160

Seifen-Ritterling [161, 162] *(Tricholoma saponaceum)*

161

Der Hut weist verschiedene Grün-, Oliv-, Braun- oder Grauschattierungen auf, charakteristisch aber ist sein unangenehmer seifiger Geruch.

Der **Hut** ist 50–120 mm breit und glokkenförmig bis niedrig gewölbt, am Rand lange nach unten gebogen, dann scharf und gewellt, an der Oberseite bei feuchtem Wetter glatt und klebrig, bei trockenem aufgesprungen oder bis geschuppt. Die **Blätter** sind ziemlich spärlich und dick, weißlich, grau bis grüngelb, nach Druck oft langsam rotverfärbend. Der **Stiel** hat 50 bis 120 mm Länge und 10–30 mm Dicke, ist glatt oder faserig geschuppt und gewöhnlich wie der Hut gefärbt, aber heller. Das **Fruchtfleisch** ist ziemlich fleischig und weißlich, am Schnitt bisweilen rot (vor allem am Stiel); es riecht wie Kernseife und schmeckt mild oder bitterlich.

162

Wächst von August bis November in Laub- und Nadelwäldern. Kommt in der Tiefebene bis hin zum Bergland vor, stellenweise häufig.

Ist **schwach** bis **mittelmäßig giftig** (ruft Erbrechen und Durchfall hervor).

Grünling oder **Echter Ritterling** [163] (*Tricholoma equestre*)

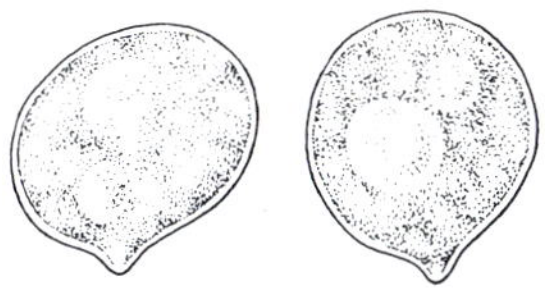

Sporen

Wir erkennen ihn an den gelben Blättern und dem mehligen Geruch.

Der **Hut** ist 40–100 mm breit und bei feuchtem Wetter klebrig, in der Jugend glatt und gelb, dann am Scheitel rostfarben geschuppt. Die **Blätter** sind immer gelb. Der **Stiel** ist 50 bis 100 mm hoch, 10–20 mm dick und fest, leicht faserig und gelb, oft auch mit Oliv- oder Braunschattierungen. Das **Fruchtfleisch** ist dünn, aber fest und weißlich; im angenehmen Geruch und Geschmack ist auch eine mehlige Komponente zu bemerken.

Wächst von September bis November in Nadel- und Laubwäldern, vor allem unter Kiefern, Fichten, Buchen und Eichen. Kommt in der Tiefebene bis hin zum Gebirgsvorland vor, jedoch nicht häufig.

Ist **eßbar**, schmackhaft und frisch auch zur Konservierung in Essig verwendbar.

163

Grüngelber Ritterling [164] *(Tricholoma sejunctum)*

164

Wir erkennen ihn an den strahlenförmigen eingewachsenen Fasern in der Haut am Hut und am mehligen Geruch.

Der **Hut** ist 40–100 mm breit, oft mit einem kleinen stumpfen Buckel versehen, bei feuchtem Wetter an der Oberseite klebrig, meist grüngelb bis olivbraun, am Scheitel bis orange-braun. Die **Blätter** sind breit, weißlich, am Hutrand oft mit einer gelblichen Schneide. Der **Stiel** ist 40–90 mm hoch und 10 bis 30 mm dick, oft gekrümmt, zylindrisch oder spindelförmig, bisweilen zusammengedrückt, in der Jugend voll und fest, dann im Mittelteil bis markig und weich, an der Oberfläche trocken, leicht faserig und weißlich, manchmal mit einem gelblichen Schimmer. Das **Fruchtfleisch** ist fest, weißlich und unter der Haut am Hut gelblich, von gurkenartig mehligem Geruch und Geschmack, nicht selten bitter.

Wächst von August bis Oktober in Laub- und Nadelwäldern, vor allem unter Eichen, Buchen, Kiefern und Fichten. Bevorzugt saure und neutrale Böden. Kommt von der Tiefebene bis zum Gebirgsvorland vor, jedoch nicht häufig.

Ist **schwach** bis **mittelmäßig giftig**, greift die Verdauungsorgane an.

Schwefel-Ritterling [165, 166] *(Tricholoma sulphureum)*

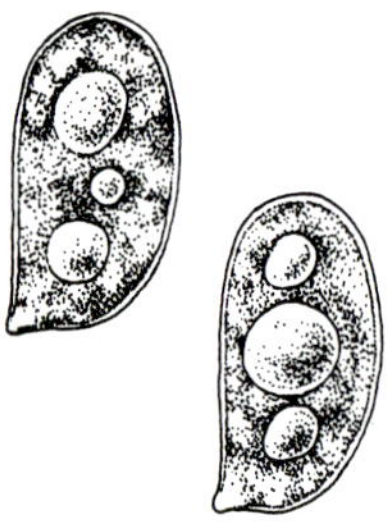

Sporen

Charakteristisch für ihn sind der widerliche leuchtgasartige Geruch und die schwefelgelbe Färbung von Blättern, Fruchtfleisch und Haut am Stiel, manchmal auch am Hut.

Der **Hut** ist 30–80 mm breit und gewölbt bis flach, kahl oder fein geschuppt, nicht schleimig und matt, schwefelgelb oder oliv-gelblich, am Scheitel oft rostfarben. Die **Blätter** sind bis 12 mm breit und spärlich, ziemlich dick, weich und schwefelgelb, im Alter etwas braun verfärbend. Der **Stiel** ist 50–120 mm lang und 10–25 mm dick, zylindrisch, schmal keulen- oder spindelförmig, oft gekrümmt, voll, im Alter bisweilen hohl, trocken, auf schwefelgelbem Untergrund von gleichfarbenen, bald jedoch rostfarbig werdenden Fasern bedeckt. Das **Fruchtfleisch** ist ziemlich dünn und am Hut wattig weich, am Stiel faserig, schwefelgelb, von unerträglichem Geruch nach Leuchtgas, Karbid oder Naphthalin und von widerlichem Geschmack.

Wächst von Juli bis Oktober in Laub- und Nadelwäldern, hauptsächlich unter Buchen, Eichen, Birken und Fichten. Verträgt gut saure, neutrale und kalkhaltige Böden. Kommt von der Tiefebene bis zur oberen Waldgrenze vor, stellenweise häufig.

Schwach bis **mittelmäßig giftig**, ruft Erbrechen hervor.

165

166

167

Orangeroter oder **-gelber Ritterling** [167] *(Tricholoma aurantium)*

Er hat eine rotorange Haut an Hut und Stiel, die nie glatt ist.

Der **Hut** ist 40–100 mm breit und gewölbt bis abgeflacht, mit einem breiten stumpfen Buckel und in der Jugend mit nach unten gebogenem Rand versehen, kleingeschuppt bis fast glatt, bei feuchtem Wetter klebrig, am Scheitel in der Regel rot- und am Rand hellorange. Die **Blätter** sind dicht und weißlich, im Alter blaßgelb und rostfarben gefleckt. Der **Stiel** ist 50–100 mm hoch und 10–20 mm dick, in der Jugend tränend und oben weißlich, weiter unten dicht mit rotorange geschuppten Flocken bedeckt. Das

Fruchtfleisch ist fest und weißlich, von markant mehligem Geruch und bitterlichem Geschmack.

Wächst von August bis November in Nadelwäldern, vor allem unter Fichten auf kalkreichem Untergrund. Kommt in Hügellandschaften und im Gebirgsvorland verstreut vor.

Ungenießbar.

Gelbblättriger Ritterling [168] *(Tricholoma fulvum, T. flavobrunneum)*

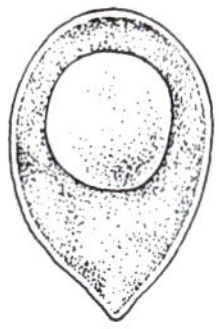

Spore

Der Hutrand ist meist eingekerbt, die Blätter sind in der Jugend gelblich, dann bräunlich, das Fruchtfleisch am Stiel ist gelb.

Der **Hut** ist 40–100 mm breit und gewölbt bis abgeflacht, mit einem stumpfen Buckel und bei feuchtem Wetter schleimig, faserig geschuppt und gelbflachs- bis rostbraun. Die **Blätter** sind dicht und im Alter oft rotbraun gefleckt. Der **Stiel** ist 60–120 mm hoch, 10–20 mm dick und in der Jugend voll und klebrig, bald aber hohl und trocken, oben kahl und weiter unten faserig, wie der Hut gefärbt, jedoch heller. Das **Fruchtfleisch** ist ziemlich fest und am Hut weißlich bis gelblich, am Stiel lebhaft gelb und in den von Larven ausgefressenen Gängen rostfarben, von gurkenartigem Geruch und Geschmack.

Wächst von August bis November unter Birken auf feuchten sauren Böden. Kommt in der Tiefebene bis hin zum Gebirgsvorland vor, stellenweise häufig.

Zum Verzehr **nicht empfohlen**; ist roh sogar **giftig**.

168

169

Feinschuppiger Ritterling [169] *(Tricholoma imbricatum)*

Charakterisiert durch eine Rostfärbung der Haut am Hut, der mit kleinen Schuppen bedeckt ist.

Der **Hut** ist 40–100 mm breit, in der Jugend stumpfkegelig bis fast halbkugelförmig und am Rand nach unten gebogen, niedrig gewölbt oder flach mit scharfem Rand, trokken und matt, in der Jugend fast glatt oder feinfaserig, bald jedoch an der ganzen Oberseite außer Scheitel und Rand dicht mit kleinen Schuppen bedeckt, meist rötlich-braun. Die **Blätter** sind ziemlich hoch und dicht, in der Jugend weißlich, dann etwas bräunlich bis rostbraun und im Reifezustand mit dunkleren braun-rostfarbenen Flecken bedeckt. Der **Stiel** ist 60–130 mm hoch und 10–25 mm dick, meist zylindrisch, voll und fest, oben weißlich bereift und weiter unten braun und faserig. Das **Fruchtfleisch** ist ziemlich hart, fest und fleischig, am Hut und am Oberteil des Stiels weißlich, an der Stielbasis bräunlich, von unauffälligem Geruch und mildem bis leicht bitterem Geschmack.

Wächst von September bis November vor allem in Kiefernwäldern auf sauren bis neutralen Böden. Kommt in der Tiefebene bis hin zum Gebirgsvorland vor, stellenweise häufig, in zahlreichen Gruppen oder Hexenringen.

Ungenießbar.

Schwarzfaseriger Ritterling [170] *(Tricholoma portentosum)*

Zu erkennen an den strahlenförmigen Fasern, die in die graue Haut am Hut eingewachsen sind.

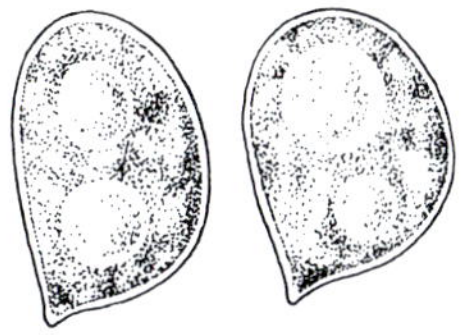

Sporen

Der **Hut** ist 30–100 mm breit, anfangs kegelförmig, mit nach unten gebogenem Rand, später niedrig gewölbt und gewellt, grau, braun- bis schwarzgrau, oft mit einer Olivschattierung. Die **Blätter** sind weißlich, mit einem zitronengelben Schimmer. Der **Stiel** ist 50–100 mm lang, 10–20 mm dick und faserig, weißlich bis gelblich. Das **Fruchtfleisch** ist weich und weißlich, unter der Haut am Stiel oft gelblich, von schwachem mehligen Geruch und Geschmack.

Wächst von September bis November in Nadelwäldern, vor allem in sandigen Kieferngehölzen. Kommt von der Tiefebene bis zum Gebirgsvorland vor, stellenweise häufig.

Ist **eßbar**, köstlich für jegliche Frischzubereitung oder Konservierung in Essig.

170

171

Zottiger Ritterling [171] *(Tricholoma vaccinum)*

Wir erkennen ihn an den weichen Schuppen auf der Haut am Hut und am unangenehmen Geschmack des Fruchtfleisches.

Der **Hut** ist 30–100 mm breit, mit einem kleinen stumpfen Buckel, am Rand ziemlich lange nach unten gebogen, die Oberseite ist trocken und mit abstehenden Schuppen bedeckt, am Rand filzig geschuppt, meist rotbraun, bei trockenem Wetter hell rostfarben. Die **Blätter** sind hoch und in der Jugend creme-weißlich, später auffällig rostfarben. Der **Stiel** ist 50–120 mm hoch und 10–20 mm dick, zylindrisch und in der Jugend voll, bald jedoch hohl, oben flockig und weißlich, weiter unten leicht faserig und rötlich bis rotbraun. Das **Fruchtfleisch** ist ziemlich saftig und weißlich, stellenweise braunrötlich, von unangenehmem erdigen Geruch und ziemlich bitterem, mundzusammenziehendem Geschmack.

Wächst von August bis November in Tannen- und Kiefernwäldern, hauptsächlich an ihren grasigen Rändern. Bevorzugt kalkreiche Böden. Kommt in der Tiefebene bis hin zum Gebirgsvorland vor und ist in vielen Gegenden häufig.

Ungenießbar.

Rötlicher Holzritterling [172, 173] *(Tricholomopsis rutilans)*

Zuverlässig charakterisiert durch purpurne Schüppchen auf der Haut von Hut und Stiel sowie Gelbfärbung von Blättern und Fruchtfleisch.

Der **Hut** ist 50–150 mm breit und gewölbt bis ausgebreitet, fleischig und auf gelbem Untergrund dicht geschuppt. Die **Blätter** sind immer goldgelb. Der **Stiel** ist 50–120 mm hoch und 10–30 mm dick, zylindrisch und auf gelblichem Untergrund mit den gleichen Purpurschüppchen bedeckt wie der Hut. Das **Fruchtfleisch** ist fleischig, saftig und immer gelb, von unauffälligem oder säuerlichem Geruch und leicht mundzusammenziehendem Geschmack.

Wächst von Juli bis November auf totem Holz von Nadelbäumen, vor allem Kiefern. Kommt in der Tiefebene bis hin zum Gebirgsvorland häufig vor.

Ist **eßbar**, schmeckt aber nicht. Verwendbar für in Essig eingelegte Pilzmischungen.

172

173

174

Frost- oder **Geselliger Rasling, Knäuelritterling** [174] *(Lyophyllum fumosum)*

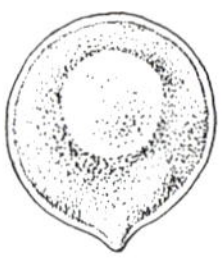

Spore

Charakteristisch für ihn sind das büschelige Wachstum auf der Erde und die gräuliche Färbung der reifen Blätter.

Der **Hut** ist 60–150 mm breit und am Rand lange nach unten gebogen, im Alter aber scharf und gewellt, dickfleischig, an der Oberseite glatt und kahl, bei feuchtem Wetter klebrig, in der Jugend graubraun-oliv und gesprenkelt fleckig, später graubraun, am Scheitel bis schwarzbraun. Die

Blätter sind nur 5–10 mm hoch, dünn, sehr dicht und leicht vom Fruchtfleisch zu lösen, in der Jugend weißlich, bald jedoch gräulich oder bräunlich-grau. Der **Stiel** ist 50 bis 120 mm hoch und 15–45 mm dick, sehr robust, zylindrisch und voll, im Alter markig gepolstert, oben flockig und darunter faserig, weißlich, nach Druck dunkler werdend. Das **Fruchtfleisch** ist sehr dick, ziemlich zäh und elastisch, bei feuchtem Wetter wäßrig braun und bei trockenem weißlich, von unauffälligem Geruch und Geschmack.

Wächst von August bis November in Parkanlagen, Gärten und an Wegrändern, aber auch in Laub- und Nadelwäldern. Bevorzugt nährstoffreiche Böden. Kommt in der Tiefebene bis hin zum Gebirgsvorland vor, jedoch nicht häufig.

Ist **eßbar** und schmackhaft, eignet sich für jedwede Frischzubereitung und Konservierung in Essig.

Gepanzerter Rasling [175] *(Lyophyllum loricatum)*

Kenntlich am büscheligen Wachstum auf der Erde und an einer auffallend starken Haut am Hut.

Der **Hut** ist 40–120 mm breit, am Rand scharf und an der Oberseite glänzend, grau- bis rußbraun, bisweilen mit einem Olivschimmer überzogen. Die **Blätter** sind dicht und niedrig, zäh und elastisch, creme-weißlich bis strohgelblich. Der **Stiel** ist 30–100 mm hoch und 7–15 mm dick, voll und oben weißlich flockig, weiter unten eingewachsen faserig, an den Enden weißlich und in der Mitte bräunlich. Das **Fruchtfleisch** ist zäh, knorpelig, elastisch und weißlich, von angenehmem Geruch und süßlich-bitterlichem Geschmack.

Wächst von August bis November in Laubwäldern, vor allem unter Buchen, aber auch unter Obstbäumen. Kommt in der Tiefebene und in Hügellandschaften vor, jedoch ziemlich selten.

Ist **eßbar**, aber zäh und wenig schmackhaft; verwendbar für Pilzmischungen.

175

176

Lehmfarbener Rasling [176] *(Lyophyllum paelochroum)*

Wir erkennen ihn am Dunkelwerden von gedrückten Blättern und angeschnittenem Fruchtfleisch.

Der **Hut** ist 40–80 mm breit und nicht hoch gewölbt, um den Scheitel herum auch leicht eingedrückt, mit einem kleinen stumpfen Buckel und gewellten wulstigen bis gerippten Rand, an der Oberseite bereift, bräunlich-cremefarben, am Scheitel bis graubraun. Die **Blätter** sind nicht allzu dicht, brüchig und hell cremefarben, nach Druck rasch blau und dann schwarz verfärbend. Der **Stiel** ist 30–70 mm hoch und 10–20 mm dick, weißlich bis schmutzig-bräunlich. Das **Fruchtfleisch** ist weißlich und am Schnitt langsam grau werdend, mitunter bis leicht schwarz, von ziemlich unangenehmem erdig-mehligen Geruch und mildem mehligen Geschmack.

Wächst von September bis November vor allem unter Nadel-, seltener unter Laubbäumen. Bevorzugt kalkreiche Böden. Kommt in Hügellandschaften und im Gebirgsvorland vor, jedoch selten.

Ungenießbar.

Büschel-Rasling [177] *(Lyophyllum decastes)*

Charakterisiert durch sein büscheliges Wachstum auf der Erde und die ziemlich helle graubraune Färbung der Haut am Hut.

Der **Hut** ist 50–120 mm breit und am Rand anfangs nach unten gebogen, an der Oberseite kahl und meist gräulich-braun. Die **Blätter** sind sehr dicht und dünn, weißlich bis creme-weißlich, im Alter mit einer gräulichen bis fleischbräunlichen Schattierung. Der **Stiel** ist 70–140 mm hoch und 10–25 mm dick, schlank und zylindrisch, an der Basis oft gekrümmt und spitz zulaufend, zäh und an der Oberfläche leicht faserig oder kahl, weißlich und im Alter bis bräunlich. **Das Fruchtfleisch** ist relativ fleischig, am Hut saftig und am Stiel faserig, elastisch, von unauffälligem Geruch und Geschmack.

Wächst von Juli bis Oktober an grasigen Rändern von Laub- und Nadelwäldern sowie auf Waldlichtungen, in Parkanlagen, an Wegen und in Gärten. Kommt in der Tiefebene bis hin zum Gebirgsvorland vor, jedoch nur verstreut.

Ist **eßbar**, sehr schmackhaft und für jede Frischzubereitung sowie Konservierung in Essig geeignet. Gegessen wird nur der Hut.

177

178

Doppelring-Möhrling [178] *(Catathelasma imperiale)*

Gekennzeichnet durch einen ausdauernden lederartigen Ring, über dem in der Jugend noch ein faseriger vergänglicher Ring liegt.

Der **Hut** ist 50–200 mm breit, fleischig und in der Jugend am Rand nach unten gebogen, am Scheitel geschuppt, hell- bis sattbraun. Die **Blätter** sind niedrig, weit am Stiel herablaufend und hell cremefarben, später mit einem gelben oder bräunlichen Schimmer. Der **Stiel** ist 70–160 mm hoch und 30–50 mm dick, an der Basis konisch verengt, sonst zylindrisch und hart, weißlich bis ocker. Das **Fruchtfleisch** ist dick, hart, fest und ziemlich saftig, immer weiß, von ausgeprägt gurkenartig mehligem Geruch und Geschmack.

Wächst von August bis Oktober unter Nadelbäumen, vor allem unter Fichten gemischt mit Wacholder. Verlangt kalkhaltige Böden. Kommt in Hügellandschaften und im Gebirgsvorland vor, jedoch selten.

Jüngere, nicht allzu zähe Fruchtkörper sind **eßbar.** Der Pilz verdient aber auch seitens der Pilzsucher maximalen Schutz.

Honiggelber Hallimasch [179] *(Armillaria mellea)*

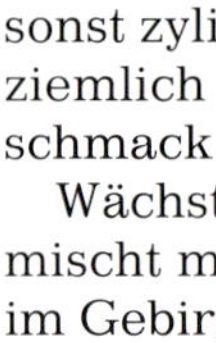

Spore

Die Hutoberfläche ist meist kupferbräunlich mit einer Olivschattierung, am Scheitel dunkler, oliv-schwärzlich, am Rand heller, kupfergelb. Auffallend ist auch der gelbe Ring.

Der **Hut** ist 25–100 mm breit, in der Jugend mit nach unten gebogenem Rand, dicht mit flockigen Schüppchen bedeckt, im Alter bis kahl. Die **Blätter** sind ziemlich dicht und anfangs weißlich, später gelbocker, gelbbraun bis rostfarben. Der **Stiel** ist 70–180 mm hoch und 7–15 mm dick, zylindrisch, in der Jugend meist cremefarben bis ockergelb und dicht mit helleren Flocken bedeckt, im Reifezustand dunkler gefärbt bis rostbraun und kahl werdend. Der Ring ist ziemlich breit, häutig und ausdauernd, gelblich bis goldgelb, an der Unterseite mit schwefelgelben Flokken bedeckt. Das **Fruchtfleisch** ist elastisch, ziemlich zäh und weißlich, riecht nach Camembert und ist ohne Geschmack.

Wächst von September bis Oktober an Holz von Laub-, oft auch von Obstbäumen, ausnahmsweise auch an Nadelhölzern, gewöhnlich in Büscheln. Kommt in der Tiefebene und in Hügellandschaften vor, häufiger nur in warmen Gegenden.

Die Art ist **eßbar** und schmackhaft, erfordert aber eine längere Warmzubereitung, weil das Fruchtfleisch zäh und **im Rohzustand giftig** ist.

179

180

Dunkler Hallimasch [180] *(Armillaria ostoyae, A. obscura)*

Die Hutoberfläche ist rostbraun und zumindest in der Jugend dicht mit abstehenden schwarzbraunen bis braunschwarzen Schuppen bedeckt.

Der **Hut** ist 30–100 mm breit und dunkel geschuppt, im Alter oder nach Regenfällen kahl werdend und ausblassend. Die **Blätter** sind in der Jugend weißlich bis gelblich, später fleisch-rötlich. Der **Stiel** ist 40–120 mm hoch und 10–20 mm dick, zylindrisch und an der Basis leicht verbreitert, faserig und meist rostfarben. Der Ring ist dickhäutig bis wellig und weißlich bis bräunlich. Das **Fruchtfleisch** ist ziemlich zäh und weißlich, am Stiel bis rostfarben, riecht fast wie Camembert, der Geschmack ist mild bis bitter.

Wächst von September bis November auf Stümpfen, Stämmen und Wurzeln von Nadel- und Laubbäumen. Kommt in der Tiefebene bis hin zum Bergland häufig vor.

Ist **eßbar**, schmackhaft und eignet sich für Mischungen und zum Einlegen in Essig. In einigen Gegenden gehört er zu den wichtigsten Speisepilzen. Erfordert ebenfalls eine längere Warmzubereitung.

Ringloser Hallimasch [181, 182] *(Armillaria socialis)*

Von den büscheligen Holzarten der Hallimasche hat nur dieser keinen Ring am Stiel.

Der **Hut** ist 20–90 mm breit, am Rand ziemlich lange nach unten gekrümmt (fast gebogen) und auf kupferbräunlichem Untergrund mit kleinen rostbraunen Schuppen bedeckt, am Rand gewöhnlich nur angedrückt faserig. Die **Blätter** sind ziemlich dicht, kurz am Stiel herablaufend und elastisch, anfangs cremefarben bis creme-bräunlich, später rötlich-braun. Der **Stiel** ist 50–160 m hoch und 5–15 mm dick, schlank und gewöhnlich zylindrisch und gekrümmt, voll, im Alter gepolstert und in der Jugend oben kahl, ganz creme-weißlich und glänzend, später außer an der Basis ganz faserig und dunkler werdend, ockerbraun bis braunrot, an der Basis schwarzbraun. Das **Fruchtfleisch** ist zäh, elastisch und weißlich, am Stiel bis bräunlich, von schwachem angenehmen Geruch und mildem oder schwach mundzusammenziehendem Geschmack.

Wächst von August bis Oktober an abgestorbenem und lebendem Holz von Laubbäumen, hauptsächlich von Eichen, in der Tiefebene und in Hügellandschaften, aber nur im Bereich der wärmeliebenden Flora.

Ist **eßbar** und schmackhaft, jedoch ziemlich zäh; eignet sich für Pilzmischungen.

181

182

183

Breitblatt [183, 184] *(Megacollybia platyphylla)*

184

Das dicke Bündel Myzelstränge entzieht eingesunkenen Holzresten Nährstoffe

Zu erkennen an den bauchigen, bis 30 mm hohen Blättern und den starken Myzelsträngen, die den Stiel mit eingesunkenem Holz verbinden.

Der **Hut** ist 50–150 mm breit, recht brüchig und eingewachsen faserig, graubraun bis braunoliv. Die **Blätter** sind spärlich und dick, an der Schneide gezähnt, weißlich, im Alter rostfarben. Der **Stiel** ist 50–100 mm hoch und 10–20 mm dick, im Reifezustand hohl, länglich-faserig und leicht flockig, später sanft gerillt, schmutzigweißlich bis bräunlich-grau. Das **Fruchtfleisch** ist am Hut auffallend dünn und ziemlich zäh, am Stiel faserig, weißlich, kaum riechend und von mildem Geschmack.

Wächst von Mai bis Oktober auf morschem oberirdischen und eingesunkenen Holz von Laub- und Nadelbäumen.

Ist **giftig** und ruft Vergiftungen hervor, die von Unwohlsein, Krämpfen, Erbrechen und hartnäckigem Durchfall begleitet sind.

Buchen-Ringrübling [185] *(Oudemansiella mucida)*

Gekennzeichnet durch büscheliges Wachstum an Holz, eine schleimige Hutoberseite und einen Ring.

Der **Hut** ist 30–100 mm breit und dünnfleischig, manchmal bis durchsichtig, die Haut glänzend und weißlich, oft mit grauen oder bräunlichen Schattierungen am Scheitel. Die **Blätter** sind sehr spärlich, bauchig und weißlich. Der **Stiel** ist 40–100 mm hoch und 5–10 mm dick, voll und zäh, mit abstehendem oder überhängendem Ring, weißlich und an der Basis bräunlich. Das **Fruchtfleisch** ist am Hut dünn und weich, am Stiel faserig und ziemlich zäh, weißlich, von unauffälligem Geruch und säuerlichem Geschmack.

Wächst von Juli bis Oktober an abgestorbenem und lebendem Holz von Buchen, selten auch an anderen Laubbäumen. Kommt von der Tiefebene bis hin zum Gebirgsvorland ziemlich häufig vor.

Der **Hut** ist nach Entfernen des Schleims **eßbar**. Der Pilz enthält antibiotische Stoffe.

185

186

Bitterer Krempenritterling [186] *(Leucopaxillus gentianeus)*

Kenntlich am bitteren Geschmack und mehligen Geruch des Fruchtfleisches.

Der **Hut** ist 40–120 mm breit, am Rand zuerst nach unten gebogen und im Alter gewellt, an der Oberseite trocken und matt, fast samtig und im Alter kahl werdend, meist rotbraun, am Rand flaumig und heller. Die **Blätter** sind schmal und sehr dicht, weißlich bis schmutzig cremefarben. Der **Stiel** ist 30–70 mm hoch und 10–20 mm dick, voll, zäh und elastisch, an der Oberfläche gerillt, weiter unten glatt und fein filzig, weißlich. Das **Fruchtfleisch** ist fleischig, hart und weiß.

Wächst von August bis November in Nadel- und Laubwäldern. Kommt von der Tiefebene bis hin zum Gebirgsvorland verstreut vor.

Sein sehr bitterer Geschmack macht ihn **ungenießbar**.

Falber Weichritterling [187] *(Melanoleuca cognata)*

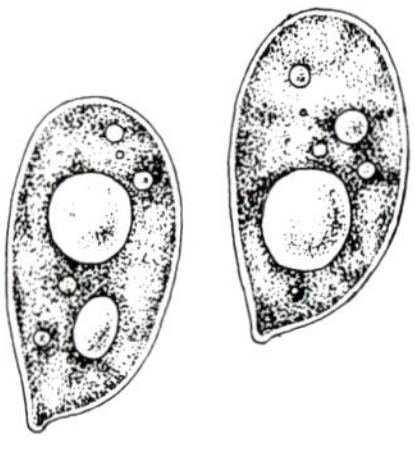

Sporen

Charakteristisch sind die Ockerschattierungen an der Haut von Hut und Stiel sowie an älteren Blättern.

Der **Hut** ist 50–140 mm breit, mit einem kleinen stumpfen Buckel und lange nach unten gebogenem Rand versehen, an der Oberseite kahl, trocken und matt, meist ocker oder semmelfarben, bei feuchtem Wetter bis graubraun. Die **Blätter** sind ziemlich breit und dicht, in der Jugend cremefarben, dann ocker-gelblich oder ocker bis braungelb. Der **Stiel** ist 60–150 mm hoch und 10–20 mm dick, zylindrisch und an der Basis verbreitert, voll bis gepolstert, an der

Oberseite leicht gerillt, oben weißlich flockig und weiter unten faserig und dunkler, meist ocker, bei feuchtem Wetter mit einen ausgeprägteren Braunton. Das **Fruchtfleisch** ist ziemlich dick, weich und hygrophan, am Hut saftig und weißlich-ocker bis wäßrig bräunlich, am Stiel faserig und fleisch-bräunlich, von schwachem mehligen Geruch und süßlichem Geschmack.

Wächst von April bis Oktober an rasigen Rändern von Nadelwäldern, bisweilen auch unter Laubbäumen, und ziemlich oft auf Haufen von Holz- oder Hobelspänen von Nadelbäumen. Kommt verstreut in der Tiefebene bis hin zum unteren Bergland vor.

Ist **eßbar** und eignet sich für Frischzubereitung sowie zum Konservieren in Essig.

187

188

Grüner Anis-Trichterling [188] *(Clitocybe odora)*

Leicht zu erkennen an den Grünschattierungen auf allen Teilen des Fruchtkörpers und am markanten Geruch.

Der **Hut** ist 30–80 mm breit, glatt und hygrophan, meist grün-bläulich oder grau-grünlich, im Alter und bei trockenem Wetter viel heller. Die **Blätter** laufen in der Regel nur kurz am Stiel herab und sind grünlich bis gräulich. Der **Stiel** ist 30–70 mm hoch und 6–12 mm dick, glatt und meist graugrün. Das **Fruchtfleisch** ist ziemlich fleischig und hellgrün, von ausgeprägtem Anisgeruch und würzigem Geschmack.

Wächst von Juni bis November in Nadel- und Laubwäldern. Kommt von der Tiefebene bis hin zum Gebirgsvorland häufig vor.

Ist **eßbar** und als Würze für Pilzmischungen zu verwenden.

Buchsblättriger Trichterling [189, 190] *(Clitocybe alexandri)*

Der fleischige Fruchtkörper hat eine filzige bis geschuppte Haut am Hut.

Der **Hut** ist 50–200 mm breit, niedrig gewölbt bis leicht eingedrückt und ohne Buckel, am Rand lange ausgeprägt nach unten gebogen, dickfleischig, hart und nicht hygrophan, in der Jugend leicht filzig und im Reifezustand leicht geschuppt (außer am Rand), hellbraun oder graubraun, bisweilen konzentrisch mit dunkleren kleinen rötlich-braunen Flecken (Grübchen) bedeckt, am Rand zumindest in der Jugend heller. Die **Blätter** laufen kurz am Stiel herab und sind niedrig, um den Stiel herum gegabelt, elastisch und grau-cremefarben bis cremeocker, auf überalterten Fruchtkörpern schmutzigbraun. Der **Stiel** ist 40–80 mm hoch und 20–40 mm dick, zylindrisch und an der Basis oft verbreitert, robust und fest, mit krustiger Haut, in der Jugend glatt und im Reifezustand auf weißlichem Untergrund braungeschuppt, an der Basis weißlich filzig. Das

189

190

Fruchtfleisch ist dick und kompakt, elastisch und wenig saftig, am Stiel zäh, weißlich, im Alter mit einem bräunlichen Schimmer überzogen, von angenehmem Obstgeruch und mildem Geschmack.

Wächst von August bis November in Nadelwäldern, vor allem unter Fichten, ausnahmsweise auch unter Laubbäumen. Kommt in Hügellandschaften und im Gebirgsvorland ziemlich selten vor.

Ist **eßbar** und in der Jugend für frisch zubereitete oder in Essig eingelegte Mischungen zu verwenden. Die Stiele und bei alten Fruchtkörpern auch die Hüte sind jedoch zäh und schwer verdaulich.

Älterer Fruchtkörper

191

Graublättriger Trichterling [191] *(Clitocybe inornata)*

Diesen Trichterling erkennen wir an der dunklen Färbung der Blätter und am unangenehmen Geruch des Fruchtfleisches.

Der **Hut** ist 40–100 mm breit, niedrig gewölbt und in der Jugend am Rand schmal nach unten gebogen, oft rippig gefurcht, an der Oberseite leicht filzig und matt, grauweißlich bis bräunlich-grau. Die **Blätter** sind dicht und bräunlich-grau. Der **Stiel** ist 30 bis 70 mm hoch, 10–20 mm dick und biegsam, in der Jugend auf der ganzen Länge flockig, im Reifezustand oben flockig und weißlich, weiter unten faserig und graubraun. Das **Fruchtfleisch** ist zäh, elastisch und weißlich und riecht wie aufgeweichtes Papier oder morsche Holzspäne, der Geschmack ist mild.

Wächst von September bis November an grasigen Stellen in Nadel- und Laubwäldern, vorwiegend auf kalkreichen Böden. Kommt in Hügellandschaften und im Gebirgsvorland ziemlich selten bis selten vor. **Ungenießbar**.

Grau- oder **Nebelkappe, Nebelgrauer Trichterling, Herbstblatt** [192] *(Lepista nebularis)*

Charakterisiert durch eine weißbereifte Haut am Hut, in der Jugend auch durch einen sehr angenehmen Geruch des Fruchtfleisches.

Der **Hut** ist 50–150 mm breit und fleischig, am Rand ziemlich lange nach unten gebogen, nicht hygrophan und grauweiß, grau bis braun-aschfarben, am Rand heller. Die **Blätter** laufen in der Jugend verhältnismäßig weit am Stiel herab und sind ziemlich niedrig und dicht, weißlich bis gelblich, im Alter stellenweise mit schmutzig-ockerfarbenen Flecken. Der **Stiel** ist 60–120 mm hoch und 15–30 mm dick, in der Jugend keulenförmig, später zylindrisch und voll, im Alter gepolstert oder bis hohl, elastisch, bereift oder längsfaserig, weißlich, oft mit einem grauen oder bräunlichen Schimmer. Das

Fruchtfleisch ist fleischig, am Hut zuerst hart und im Alter weich, am Stiel anfangs wattig und elastisch, später faserig, am ganzen Fruchtkörper immer weißlich, in der Jugend sehr aromatisch und im Alter unangenehm riechend, von neutralem bis säuerlichem Geschmack. Wächst von September bis November in Nadel- und Laubwäldern. Kommt von der Tiefebene bis zum Gebirgsvorland häufig vor. Bildet oft Hexenringe. Sehr **junge Fruchtkörper** sind in Essig eingelegt **köstlich** und eignen sich auch zur Frischzubereitung (empfohlen wird jedoch eine längere Warmverarbeitung). Alte Fruchtkörper sind schwer verdaulich.

192

193

Fuchsiger Rötelritterling [193, 194] *(Lepista inversa)*

194

Wir erkennen ihn am trichterförmig eingedrückten Fruchtkörper und an den rötlich-ockerfarbenen Schattierungen.

Der **Hut** ist 40–120 mm breit und ohne Buckel, in der Jugend mit nach unten gebogenem Rand, an der Oberseite glatt und meist rötlich-ockerfarben oder gelbrot. Die **Blätter** laufen weit am Stiel herab und sind dicht, in der Jugend cremefarben, dann rostocker. Der **Stiel** ist 30–70 mm hoch und 8–12 mm dick, glatt und gelblich bis rötlich. Das **Fruchtfleisch** ist zäh, elastisch und

Oben: Alter Fruchtkörper

ziemlich dünn, weißlich bis rostfarben, von unauffälligem Geruch und mildem bis bitterlichem Geschmack. Wächst von August bis November in Nadelwäldern, gewöhnlich in zahlreichen Gruppen oder Hexenringen. Kommt von der Tiefebene bis zum Gebirgsvorland häufig vor.

Leicht giftig. Enthält eine geringe Menge Muskarin, das die Verdauungsorgane reizt und Erbrechen hervorruft. Sein eßbarer Zwilling ist der Gelbbräunliche oder Ockerbraune Trichterling (*Clitocybe gibba*) mit kleinem Buckel am Boden des eingedrückten Hutes und oft auch mit gerieftem Hutrand.

Fleischbrauner oder **Schmächtiger Rötelritterling** [195] *(Lepista sordida)*

Dieser Pilz kann sehr unterschiedlich gefärbt sein, und so sind konstantere Merkmale nur der gewellte Hut älterer Fruchtkörper und sein Wachstum an gedüngten grasigen Stellen.

Der **Hut** ist 30–70 mm breit, kahl und hygrophan, zartrosa oder ins Violette spielend bis bräunlich, bisweilen auch mit einem Grauton. Die **Blätter** sind dicht, bei einigen Formen blaß fleischig bis schmutzig-bräunlich, bei anderen lila bis violett. Der **Stiel** ist 30–70 mm hoch und 5–10 mm dick, zylindrisch bis schmal konisch, mit krustiger Haut und elastisch, an der Oberseite faserig und wie die Blätter gefärbt. Das **Fruchtfleisch** ist dünn und elastisch, wäßrig weißlich bis grauviolett, riecht bisweilen angenehm wie beim Violetten Rötelritterling (*Lepista nuda*), sonst etwas unangenehm, erdig; der Geschmack ist mild. Wächst von Juli bis November auf Wiesen und Weiden, in Gärten, auf Komposthaufen, an den Rändern von Waldwegen und in grasigen Hainen. Verlangt einen größeren Stickstoffgehalt im Boden. Wächst einzeln oder in kleineren Büscheln. Kommt in der Tiefebene und in Hügellandschaften verstreut vor.

Eßbar und schmackhaft, frisch oder in Essig konserviert verwendbar.

195

196

Graubrauner Rötelritterling [196] *(Lepista luscina)*

Charakterisiert durch sein Wachstum in Gruppen an grasigen Stellen außerhalb des Waldes und einen mehligen Geruch des Fruchtfleisches.

Der **Hut** ist 40–120 mm breit, in der Jugend am Rand kurz nach unten gebogen und fleischig, auf horngrauem oder graubraunem Untergrund schmutzig-weißlich bereift, am Scheitel oft mit kleinen bräunlichen Flecken. Die **Blätter** sind niedrig, dicht und in der Jugend weißlich, bald jedoch grauocker dunkelnd. Der **Stiel** ist 40–80 mm hoch und 10–20 mm dick, zylindrisch und voll, an der Oberfläche mit weißlichen Flocken bedeckt und weiter unten auf hell graubraunem Untergrund weißlich faserig. Das **Fruchtfleisch** ist ziemlich hart und brüchig, gewöhnlich weißlich, bisweilen gräulich, von mehligem Geruch und süßlichem Geschmack.

Wächst von September bis November auf Weiden, Wiesen und an grasigen Waldrändern, gewöhnlich in Gruppen, Streifen oder Ringen. Kommt von der Tiefebene bis hin zum Gebirgsvorland verstreut vor.

Ist ein ausgezeichneter **Speisepilz** und eignet sich für jegliche Frischzubereitung sowie zum Einlegen in Essig.

Violetter Rötelritterling [197] *(Lepista nuda)*

Wir erkennen ihn leicht an den violetten Schattierungen auf allen Teilen des Fruchtfleisches und an seinem angenehmen, sehr auffälligen Parfümgeruch.

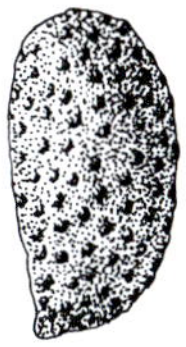

Spore

Der **Hut** ist 50–130 mm breit, kahl und glatt, rosaviolett, braunviolett oder rötlich-braun, im Alter und bei trockenem Wetter heller. Die **Blätter** sind dicht und in der Jugend sattviolett, im Reifezustand braunviolett bis fleischbräunlich. Der **Stiel** ist 50–100 mm hoch und 10–30 mm dick, oben am schmalsten, voll und oben flockig, weiter unten leicht faserig, auf violettem Untergrund oft weißlich bereift, an der Basis mit einem ins Violette spielenden Filz. Das **Fruchtfleisch** ist saftig und hellviolett bis weißlich, aromatisch und von köstlichem Geschmack.

Wächst von September bis Dezember in Nadel- und Laubwäldern und auf Wiesen, oft in Gruppen, Streifen oder Ringen. Bevorzugt Humusböden und Stellen mit verwesenden Pflanzenresten. Kommt von der Tiefebene bis hin zum Gebirgsvorland häufig vor.

Hervorragender **Speisepilz**, eignet sich frisch für jegliche Warmzubereitung sowie zum Einlegen in Essig.

197

Sommer-Samtfuß [198] *(Flammulina fennae)*

198

Gekennzeichnet durch einen samtigen Stiel, büscheliges Wachstum an im Boden versunkenem Holz und Vorkommen in Sommer- und Herbstmonaten ohne Frost (die Temperatur darf nicht unter den Gefrierpunkt sinken).

Der **Hut** ist 20–50 mm breit und cremefarben, ledergelb oder mit ocker- oder rostfarbenen Schattierungen. Die **Blätter** sind ziemlich dicht und weißlich-cremefarben, bisweilen braunfleckig. Der **Stiel** ist 30–60 mm hoch und 3–6 mm dick, schwärzlich-braun, oben heller und – ein wichtiges Unterscheidungsmerkmal(!) – mit dem eingesunkenen Holz durch einen verlängerten wurzeligen Teil verbunden. Das **Fruchtfleisch** ist dünn und elastisch, von unauffälligem Geruch und mildem Geschmack. Wächst von Mai bis November an unterirdischen Holzresten (scheinbar auf der Erde). Bevorzugt Auenwälder und Flußregionen. Kommt von der Tiefebene bis hin zum Gebirgsvorland sehr selten vor.

Seine Eßbarkeit wurde bisher nicht geprüft und ist daher unbekannt.

Spindeliger oder **Spindelfüßiger Rübling** [199, 200] *(Collybia contorta, C. fusipes)*

Kenntlich am büscheligen Wachstum an Holz und an dem schmal spindelförmigen Stiel.

Der **Hut** ist 30–100 mm breit und in der Jugend glockenförmig, später niedrig gewölbt bis fast flach, gewöhnlich mit einem markanten kleinen stumpfen Buckel, an der Oberseite kahl und trocken, bisweilen felderig aufgesprungen und meist ocker- oder braunrot, bei feuchtem Wetter dunkel rotbraun und bei trockenem hellocker. Die **Blätter** sind hoch und spärlich, zuerst weißlich-cremefarben und oft rostig-fleckig, später fleischrötlich, im Alter fleischbraun und weißlich mit Sporenstaub bedeckt. Der **Stiel** ist 60–150 mm hoch und 10–20 mm dick, anfangs zylindrisch, bald jedoch in der Mitte spindelförmig verbreitert und an der Basis wurzelartig verlängert, gewöhnlich gekrümmt, längsgefurcht, faserig und elastisch, im Alter mit einer harten krustigen Haut und innen gepolstert, braun-rötlich, im oberen Teil heller und an der Basis braunschwarz.

Das **Fruchtfleisch** ist elastisch und am Stiel sehr zäh, weißlich, von schwachem Geruch und Geschmack.

Wächst von Juni bis November in Büscheln an Eichen- und Buchenstümpfen und -wurzeln oder am Unterteil alter lebender Stämme. Kommt in der Tiefebene und in Hügellandschaften recht häufig vor.

Ist **leicht giftig**. Der Genuß einer größeren Menge verursacht Magenbeschwerden.

199
200

201

Gefleckter Rübling [201] *(Collybia maculata)*

Wir erkennen ihn an den rostfarbenen Flecken auf der weißlichen Haut am Hut und am herben, sehr bitteren Geschmack des Fruchtfleisches.

Der **Hut** ist 40–100 mm breit und in der Jugend halbkugelförmig, später niedrig gewölbt bis abgeflacht, am Rand ziemlich lange nach unten gebogen und an der Oberseite glatt, kahl, nicht klebrig und nicht hygrophan. Die **Blätter** sind niedrig, dicht und dünn, mit einer gezähnten Schneide, weißlich bis blaß cremefarben, bisweilen mit einem rosa Schimmer, im Alter mit rostigfleckiger Schneide. Der **Stiel** ist 60–100 mm hoch und 10–20 mm dick, zylindrisch, bisweilen über der Basis verbreitert und an der Basis spitz zulaufend oder bis wurzelartig verlängert, in der Jugend voll, im Alter dagegen hohl und zäh, an der Oberfläche leicht gerieft, anfangs filzig, dann kahl werdend, weißlich und oft rostig-fleckig. Das **Fruchtfleisch** ist ziemlich fleischig, fest, elastisch und weißlich und riecht wie frische Sägespäne. Wächst von Juni bis Oktober an morschem, gewöhnlich eingesunkenem Holz von Nadelbäumen, vor allem von Fichten und Kiefern, bisweilen auch in reinen Buchenwäldern. Bevorzugt saure Böden, verträgt aber auch einen kalkhaltigen Untergrund. Kommt von der Tiefebene bis hin zum Gebirgsvorland recht häufig vor. Wegen seiner Bitterkeit **ungenießbar**.

Horngrauer Rübling [202, 203] *(Collybia asema)*

Auf der Haut von Hut und Stiel sind immer graue Schattierungen zu bemerken; der Hutrand ist hell, der Buckel dunkel.

Der **Hut** ist 30–60 mm breit und in der Jugend glockenförmig, dann niedrig gewölbt bis fast flach, meist mit einem kleinen Buckel, dünnfleischig und an der Oberfläche kahl, etwas glänzend, sehr hygrophan, bei feuchtem Wetter horngrau, grauoliv oder graubraun; bei Trockenheit gräulich. Die **Blätter** sind breit, dicht, weich und weißlich. Der **Stiel** ist 30–50 mm hoch und 5–10 mm dick, zur Basis hin verbreitert er sich allmählich und ist unten oft aufgebläht und weißlich filzig, im Alter häufig hohl, die

202

Haut ist zäh und an der Oberfläche gerieft, gräulich bis graubraun. Das **Fruchtfleisch** ist weich, am Hut bei feuchtem Wetter horngrau, bei trockenem blaß und am Stiel weißlich, von schwachem Obstgeruch und süßlichem Geschmack. Wächst von Juli bis November in Nadel- und Laubwäldern. Kommt von der Tiefebene bis hin zum Gebirgsvorland häufig vor. **Gegessen** wird nur der **Hut,** da der zähe Stiel unverdaulich ist.

203

204

Rötlicher oder **Fleischroter Bläuling, Rötlicher Lacktrichterling** [204, 205] *(Laccaria laccata)*

Charakteristisch für ihn sind spärliche fleischrosa Blätter sowie braunrote Schattierungen an der Haut von Hut und Stiel.

Der **Hut** ist 20–60 mm breit und in der Jugend gewölbt, kahl und glatt, im Reifezustand mit eingedrückter Mitte, bemehlt bis leicht geschuppt, stets trocken und hygrophan, bei feuchtem Wetter meist braunrot und am Rand gerieft, bei trockenem Wetter hellokker. Die **Blätter** sind ziemlich dick und im Alter von ausgefallenem Porenstaub weißlich bedeckt. Der **Stiel** ist 30 bis 100 mm hoch und 3–7 mm dick, gepolstert oder auch mit einer schmalen Höhlung versehen, faserig gerieft, an der Basis mit weißlichem Myzelfilz bedeckt und höher hinauf braun-rötlich. Das **Fruchtfleisch** ist dünn, am Hut weich und brüchig, am Stiel faserig und zäh, hygrophan, zartrosa bis fleischrötlich, von unauffälligem bis würzigem Geruch und mildem Geschmack. Wächst von Juni bis November in gra-

205

sigen Laub- und Nadelwäldern, in Parkanlagen und Gebüschen. Kommt von der Tiefebene bis hin zum Gebirgsvorland häufig vor. Diese Art ist **eßbar** und von durchschnittlicher Qualität. Der Hut eignet sich für Suppen oder Pilzmischungen, der holzige Stiel ist unverdaulich.

Violetter Bläuling oder **Amethystblauer Lacktrichterling** [206] *(Laccaria amethystea)*

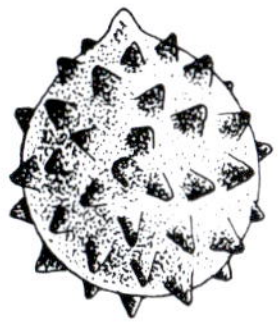

Spore

Wir erkennen ihn an den violetten Schattierungen am ganzen Fruchtkörper.

Der **Hut** ist 20–60 mm breit und in der Jugend halbkugelig, mit nach unten gebogenem Rand, in der Mitte nabelförmig eingedrückt, später abgeflacht bis breit trichterförmig und am Rand gewellt, an der Oberseite trocken und in der Regel matt, leicht bemehlt oder bis kleieartig, bei feuchtem Wetter violett oder braunviolett, bei trockenem weißlich ins Violette spielend. Die **Blätter** sind breit angewachsen, bis kurz am Stiel herablaufend, bauchig und spärlich, in der Jugend sattviolett, im Reifezustand violett überhaucht und von ausgefallenem Sporenstaub weißlich bedeckt. Der **Stiel** ist 40 bis 120 mm hoch und 4–8 mm dick, zylindrisch, voll und im oberen Teil bisweilen hohl, auf violettem Untergrund mit weißlichen kleieartigen Flocken bedeckt, an der Basis filzig. Das **Fruchtfleisch** ist dünn, elastisch und hygrophan, am Hut weich und am Stiel faserig, ins Violette spielend oder rosa-bräunlich, von schwachem Obstgeruch und süßlichem Geschmack. Wächst von Juni bis November in Laub- und Nadelwäldern, hauptsächlich an feuchten Stellen im Torfmoos (*Sphagnum*). Kommt von der Tiefebene bis hin zum Bergland häufig vor. **Eßbar** und schmackhaft; eignet sich für Pilzmischungen.

206

207

Gelbfüßiger Helmling [207, 208] *(Mycena renati)*

208

Gekennzeichnet durch büscheliges Wachstum an Holz und eine gold- bis orangegelbe Färbung des Stiels.

Der **Hut** ist 10–35 mm breit und in der Jugend breit glockenförmig oder fast halbkugelig, später niedrig gewölbt, mit einem unauffälligen kleinen Buckel, am Rand gezähnt und bei feuchtem Wetter von den durchscheinenden Blättern gerillt, hygrophan, matt und glatt, bei trockenem Wetter zartrosa, bei feuchtem dagegen gelb- bis rotbraun, am Rand oft weißlich. Die **Blätter** sind verhältnismäßig breit und eher spärlich, mit einer kompakten glatten Schneide, weißlich bis zartrosa. Der **Stiel** ist 30–80 mm hoch und 2–4 mm dick, zylindrisch oder seitlich zusammengedrückt, hohl, brüchig, glatt und kahl, nur an der Basis weißlich filzig. Das **Fruchtfleisch** ist sehr dünn und brüchig, am Hut weißlich und am Stiel gelb, von chlor-, später radieschenartigem Geruch und mildem, etwas radieschenartigem Geschmack.

Wächst von Mai bis September an abgestorbenem Holz von Laubbäumen, vor allem von Buchen, Erlen und Eichen. Kommt von der Tiefebene bis hin zum Bergland vor, im Gebirgsvorland häufig.

Ungenießbar.

Nelken- oder **Feld-Schwindling** [209] *(Marasmius oreades)*

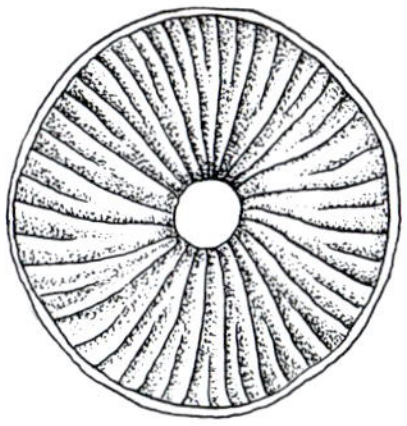

Wechsel von ganzen und kürzeren Blättern

Charakterisiert durch spärliche Blätter, einen angenehmen Geruch des Fruchtfleisches und sein Auftreten in Gruppen oder Hexenringen.

Der **Hut** ist 20–50 mm breit und in der Jugend glockenförmig, später niedrig gewölbt bis flach ausgebreitet, mit einem breiten stumpfen Buckel, am Rand oft eingekerbt. Die Haut ist hygrophan, bei feuchtem Wetter fettglänzend und rötlich-ocker, bei trockenem matt und hellocker bis cremefarben. Die **Blätter** sind 5–7 mm breit und ziemlich dick, an der Schneide dünn, kompakt und weich, bei trockenem Wetter weißlich oder cremefarben und bei feuchtem ocker. Der **Stiel** ist 40–80 mm hoch und 3–4 mm breit, zylindrisch und voll, im Alter bis gepolstert, zäh und elastisch, in der Jugend leicht filzig, dann fast kahl, nur an der Basis von einem längeren weißen Filz bedeckt, am oberen Teil heller, meist weißlich und weiter unten hellocker. Das **Fruchtfleisch** ist dünn, am Hut saftig, am Stiel hart und zäh, von Bittermandelgeruch und angenehmem Geschmack.

Wächst von Mai bis November an grasigen Stellen gewöhnlich außerhalb des Waldes. Kommt von der Tiefebene bis zum Gebirgsvorland vor, nach Regenfällen häufig.

Schmackhafter, aromatischer Pilz. Verwendet wird jedoch nur der Hut.

209

210

Grüner Knollenblätterpilz [210, 211] *(Amanita phalloides)*

211

Wir erkennen ihn an seiner breiten kelchförmigen Scheide an der knolligen Basis des Stiels, in der Jugend auch an dem weißlichen Schleier, der die Blätter verdeckt (im Reifezustand zerreißt der Schleier, und es bleibt von ihm am Stiel nur ein weißer bis gelblicher überhängender Ring übrig).

Der **Hut** ist 50–130 mm breit und in der Jugend glokkenförmig bis halbkugelig, später niedrig gewölbt, manchmal bis vertieft, am Rand ungerieft und an der Oberseite eingewachsen faserig, olivfarben, gelbgrün oder olivbraun; ziemlich verbreitet ist aber auch eine weißliche Form. **Die Blätter** sind dicht, weich und weißlich, im Alter auch mit einem schwachen grünlichen

Schimmer. Der **Stiel** ist 50–130 mm hoch und 10–20 mm dick, nach oben hin sich allmählich verengend. Über dem Ring ist er glatt, darunter oft mit kleinen flockigen Schuppen bedeckt; in der Regel ist er weißlich, bisweilen auch mit einem grauen oder grünlichen Schimmer. Das **Fruchtfleisch** ist saftig und weiß, in der Jugend kaum, im Alter dagegen wie rohe Kartoffeln riechend und von angenehmem Geschmack (!).

Wächst von Juli bis Oktober in Laubwäldern, seltener unter Nadelbäumen. Kommt von der Tiefebene bis zum Gebirgsvorland vor, in wärmeren Eichen- und Buchenwäldern häufig.

Ist unser **giftigster Pilz**, schon ein einziger kleiner Fruchtkörper enthält eine tödliche Dosis Gift.

Gelber Knollenblätterpilz [212] *(Amanita citrina)*

Charakteristisch für ihn sind die gelbliche Färbung und eine mächtige Knolle an der Stielbasis, umhüllt von einer angewachsenen Scheide mit wallförmigem Saum am abgesetzten oberen Teil.

Der **Hut** ist 40–100 mm breit, mit ungerieftem Rand und von Warzen oder Pusteln bedeckt, zitronengelb, grünlich-gelb, manchmal gelblich bis weißlich. Die **Blätter** sind dicht und weich, mit flockiger Schneide, weißlich oder gelblich. Der **Stiel** ist 50–100 mm hoch und 10–15 mm dick, im knolligen Teil 30–40 mm, weißlich bis zitronengelb, im Reifezustand mit überhängendem gelblichen Ring. Das **Fruchtfleisch** ist weiß, riecht wie rohe Kartoffeln und schmeckt unangenehm.

Wächst von Juni bis November in Nadel- und Laubwäldern. Bevorzugt saure und neutrale Böden. Kommt von der Tiefebene bis zum Gebirgsvorland häufig vor.

Schwach giftig.

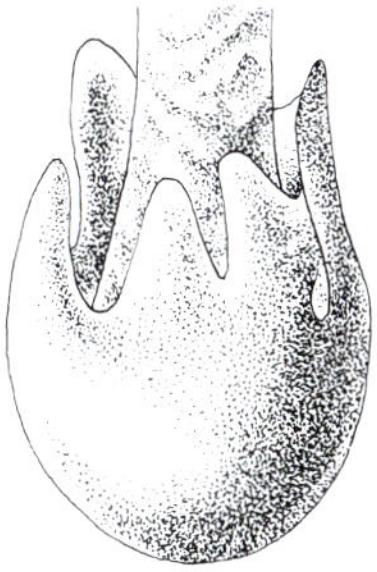

Weite kelchförmige Scheide des Grünen Knollenblätterpilzes

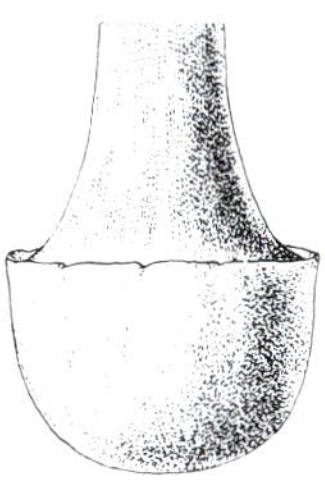

Angewachsene wallförmig gesäumte Scheide des Gelben Knollenblätterpilzes

212

213

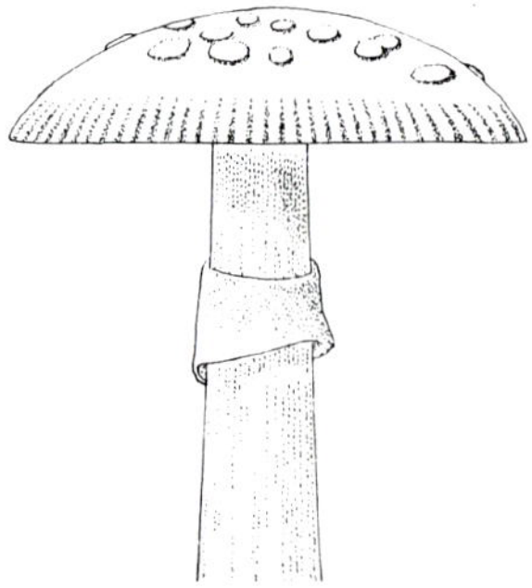

Geriefter Hutrand
Ungeriefter Ring

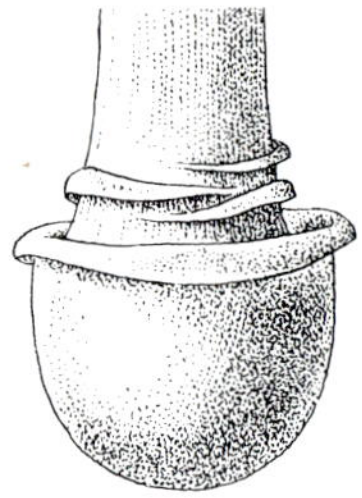

Ganz besondere Form der Scheide

Pantherpilz [213] *(Amanita pantherina)*

Hat am Stiel eine dicke angewachsene Scheide mit wallförmigem Saum am abgesetzten oberen Teil; ist über der Scheide unregelmäßig oder ringförmig geschuppt.

Der **Hut** ist 40–120 mm breit, im Reifezustand am Rand leicht gerieft und auf braunem Untergrund mit niedrigen weißlichen Warzen oder Pusteln bedeckt. Die **Blätter** sind dicht, weich, elastisch und weiß. Der **Stiel** ist 60–130 mm hoch und 10–20 mm dick, im Reifezustand hohl und ganz weiß, mit einem überhängenden weißen Ring versehen. Das **Fruchtfleisch** ist weich und weiß, von schwachem Kartoffel- oder Radieschengeruch und süßlichem Geschmack.

Wächst von Juli bis Oktober in Laub- und Nadelwäldern, vor allem auf sauren und neutralen Böden. Kommt von der Tiefebene bis zum Gebirgsvorland vor, stellenweise häufig.

Stark giftiger Pilz, der schwere, ausnahmsweise auch tödliche Vergiftungen hervorruft.

Grauer oder **Gedrungener Wulstling** [214] *(Amanita excelsa, A. spissa)*

Gekennzeichnet durch Grauschattierungen an der Haut von Hut und Stiel, einen ungerieften Hutrand, einen gerieften Ring und eine spitzkeulen- oder kegelförmige Knolle am Stiel.

Der **Hut** ist 50–150 mm breit, fleischig und auf graubraunem oder aschfarbenem Untergrund von weißlichen oder gräulichen Warzen bedeckt, in der Jugend eher pustelig. Die **Blätter** sind bauchig, dicht und weißlich. Der **Stiel** ist 60–150 mm hoch und 20–35 mm dick, oben gerieft und unter dem weißlichen Ring geschuppt bis fast glatt, weißlich bis grau-bräunlich. Das **Fruchtfleisch** ist saftig und weißlich, es riecht und schmeckt wie rohe Kartoffeln.

Wächst von Juni bis September in Nadel- und Laubwäldern, vor allem unter Fichten. Bevorzugt saure und neutrale Böden. Kommt in der Tiefebene vor bis hin zum Bergland, im Gebirgsvorland häufig.

Ist zwar **eßbar**, schmeckt **aber minderwertig**.

214

Perlpilz [215] *(Amanita rubescens)*

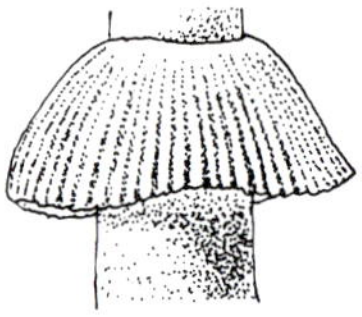

Geriefter überhängender Ring

Kenntlich an seinen zartrosa Schattierungen an Hut, Stiel und reifen Blättern.

Der **Hut** ist 50–150 mm breit und fleischig, pustelig bis warzenartig. Die **Blätter** sind dicht und in der Jugend weiß. Der **Stiel** hat 60–180 mm Länge, 15–40 mm Dicke und ist in der Jugend bauchig, später zylindrisch, mit einer knolligen Basis und weißlichem gerieften Ring. Das **Fruchtfleisch** ist weißlich und an der Stielbasis gewöhnlich weinrot, fast ohne Geruch und Geschmack.

Wächst von Juni bis Oktober unter Laub- und Nadelbäumen und kommt von der Tiefebene bis zum Gebirgsvorland häufig vor. Hervorragender **Speisepilz**.

215

216

Grauer Streifling [216] *(Amanita vaginata)*

Der in einer hohen und freien Scheide sitzende Stiel ist ohne Ring und Knolle.

Der **Hut** ist 30–100 mm breit, am Rand gerieft und manchmal pustelig, aschfarben bis graubraun. Die **Blätter** sind bauchig, elastisch und weiß. Der **Stiel** ist 60–150 mm hoch, 10–20 mm dick und zylindrisch, weißlich bis bräunlich-grau. Das **Fruchtfleisch** ist in der Jugend fest, später brüchig, weißlich, von unauffälligem Geruch und süßlichem Geschmack.

Wächst von Juni bis Oktober in Laub- und Nadelwäldern und kommt von der Tiefebene bis hin zum Gebirgsvorland recht häufig vor. **Eßbar**.

217

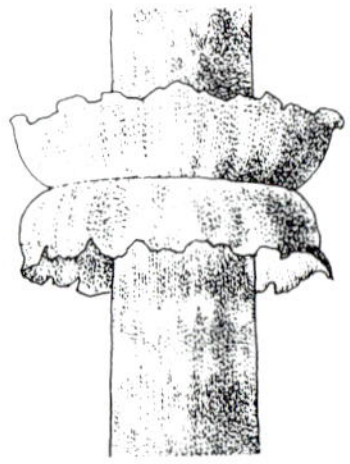

Verschiebbarer Doppelring

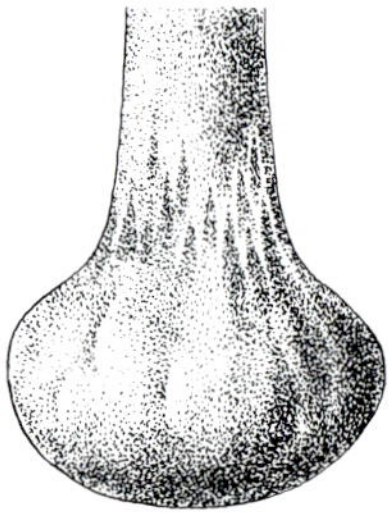

Zwiebelförmige Stielbasis

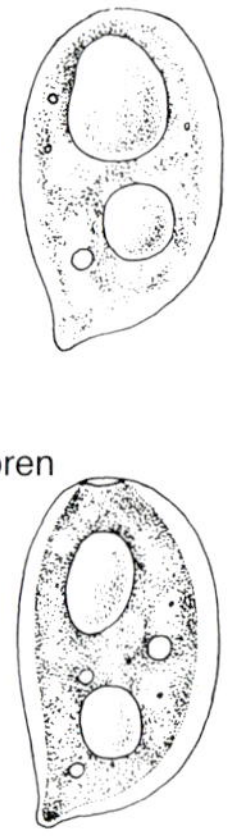

Sporen

Riesen-Schirmpilz oder **Parasol** [217] *(Macrolepiota procera)*

Er hat einen geschuppten Hut, eine knollige Stielbasis und einen größen verschiebbaren Ring.

Der **Hut** ist 60–250 mm breit, mit einem dunklen glatten Buckel und braunen Schuppen. Die **Blätter** sind hoch, dicht und lange weißlich. Der **Stiel** ist 150–400 mm lang, 10 bis 20 mm, an der Basis bis 40 mm dick, gepolstert bis hohl und mit graubraunen Schüppchen bedeckt. Das **Fruchtfleisch** ist am Hut wattig und am Stiel bis holzig, weißlich, von feinem Geruch und nußartigem Geschmack.

Wächst von Juni bis Oktober in gelichteten Laub- und Nadelwäldern und kommt von der Tiefebene bis hin zum Gebirgsvorland häufig vor.

Schmackhafter **Speisepilz.**

Beschuhter Schirmling [218] *(Lepiota ignivolvata)*

Kenntlich an dem rotbraunen Streifen rund um die Ringzone am Stiel.

Der **Hut** ist 30–80 mm breit, mit einem rotbraunen Buckel, am Rand in der Jugend gezähnt und auf weißlichem Untergrund von ockerfarbenen Schüppchen bedeckt. Die **Blätter** sind dicht und blaß cremefarben. Der **Stiel** ist 70–130 mm lang, 6–15 mm dick und weiß, an der Basis oft bis orange. Das **Fruchtfleisch** ist weiß, von unangenehmem erdigen Geruch und Geschmack. Wächst von Juli bis Oktober unter Buchen, Hainbuchen, Kastanien und Eichen und kommt – in Hügellandschaften und im Gebirgsvorland – selten vor. **Ungenießbar.**

218

219

Kapitel 9

CHAMPIGNON UND CO.

Die Pilze aus dem vorigen Kapitel mit ihren hellen Blättern erwecken den Eindruck von Reinheit, ja sogar unberührter Schönheit. Neben ihnen – und nicht in ästhetischem Gegensatz zu ihnen – steht eine Gruppe von Pilzen mit dunkleren, trüberen, bisweilen sehr düsteren Blättern und einem rosa, braunen, purpurfarbenen bis schwarzen Sporenstaub. Ihre europäischen Vertreter kommen aus acht Familien, die über fünfzig Gattungen und viele hundert Arten umfassen. Hierher gehört beispielsweise auch die respektable Gattung der Schleierlinge (Cortinarius), *die allein in Europa mehr als 600 Arten zählt und konkurrenzlos die artenreichste Gattung im ganzen Pilzreich ist.*

Unter den Pilzen mit dunklen Blättern ist eindeutig der Champignon am wichtigsten, der in der freien Natur Europas mit ungefähr sechzig Arten vertreten ist und bei den Zuchtpilzen mit großem Übergewicht dominiert. Viele, die gern Pilze essen, aber nicht selber sammeln, trauen gar keinem anderen. Sie bringen sich damit zwar um so manchen Genuß, sind allerdings auch vernünftiger als jene, die ihre Kenntnisse überschätzen und Pilze, die sie nicht ganz genau kennen, zum Verzehr sammeln und dadurch ihre eigene Gesundheit oder die anderer gefährden.

Schild-Rötling [219] *(Entoloma clypeatum)*

Charakterisiert durch sein Vorkommen im Frühling unter Rosengewächsen (*Rosaceae*) und die Rosafärbung der heranreifenden Blätter.

Der **Hut** ist 40–100 mm breit und in der Jugend weit glockenförmig, später bis flach, jedoch mit einem breiten stumpfen Buckel, so daß er bisweilen die Form eines Schildes hat. Er ist ziemlich dünnfleischig, am Rand nach unten gebogen und im Reifezustand gewellt. Die Haut ist beträchtlich hygrophan, kahl und nur eingewachsen faserig, bei trockenem Wetter ausnahmsweise schuppig aufgesprungen, bei feuchtem meist braungrau und matt; blaßt bei trockenem Wetter rasch in verschiedene graubräunliche bis -gelbliche Schattierungen aus und nimmt einen bis seidigen Glanz an. Die **Blätter** sind 7–15 mm breit, nicht allzu dicht, dünn und weich, mit ausgefranster Schneide, in der Jugend weißlich und später zart- bis fleischrosa (sie werden durch abgefallenen Porenstaub dunkler, der die Haut am Stiel oder an tieferstehenden benachbarten Hüten genauso färbt). Der **Stiel** ist 50–100 mm hoch und 10–20 mm dick, zylindrisch und in der Jugend voll und fest, im Alter mit krustiger Haut und gepolsterter bis hohler Mitte, trocken und oben bereift, weiter unten von langen, aber unauffälligen Fasern bedeckt, in der Regel weißlich und an Druckstellen schmutziggelb. Das **Fruchtfleisch** ist am Hut dünn, elastisch und kompakt, am Stiel faserig, ziemlich zäh und hygrophan, bei trockenem Wetter weißlich, bei feuchtem mit einem gräulichen Schimmer, von schwachem bis merklichem mehligen Geruch und Geschmack.

Wächst von Ende April bis Anfang Juni unter Schlehdorn, Heckenrosen, Pflaumen-, Kirsch-, Apfel-, Aprikosenbäumen und anderen Rosengewächsen. Bevorzugt kalk- und kieselhaltige Böden. Kommt von der Tiefebene bis zum Gebirgsvorland häufig vor.

Ist nach Warmzubereitung **eßbar** und schmackhaft, **roh** jedoch **giftig.**

220

Riesen-Rötling [220, 221] *(Entoloma sinuatum)*

221

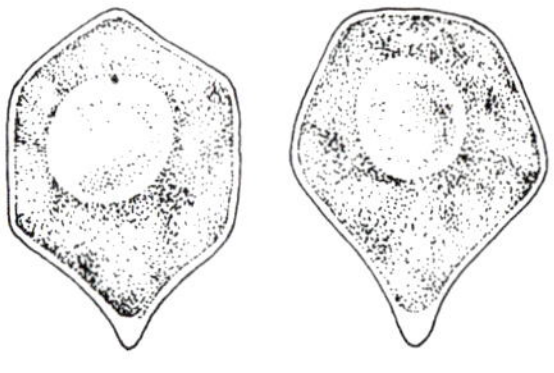

Sporen

Die Blätter sind in der Jugend gelblich, später fleischig zartrosa, am Hutrand aber lange gelblich.

Der **Hut** ist 50–200 mm breit, kahl und nicht hygrophan, weißlich, lederocker bis grau-bräunlich. Die **Blätter** sind in der Jugend niedrig und dicht, im Reifezustand hoch und recht spärlich. Der **Stiel** ist 50–150 mm hoch und 15–30 mm dick, weißlich. Das **Fruchtfleisch** ist fest und weißlich, von mehligem Geruch und Geschmack. Wächst von Juni bis September in warmen Laubwäldern. Kommt in der Tiefebene und in Hügellandschaften verstreut vor.

Stark giftig.

Würziger Tellerling [222] *(Rhodocybe gemina, R. truncata)*

Wir erkennen ihn an seinem gedrungenen Fruchtkörper und am angenehmen veilchenartigen Geruch des Fleisches.

Der **Hut** ist 50–100 mm breit und fleischig, flachsocker bis fleischbraun. Die **Blätter** sind dicht und in der Jugend weißlich, später hellocker bis fleisch-rötlich. Der **Stiel** ist 30–60 mm hoch und 15–25 mm dick, oben bemehlt und wie die Blätter gefärbt. Das **Fruchtfleisch** ist am Hut saftig und am Stiel faserig, meist weißlich, von süßlichem Geschmack.

Wächst von Juni bis September verstreut unter Nadel- und Laubbäumen in der Tiefebene bis hin zum Gebirgsvorland. Ausgezeichneter **Speisepilz.**

222

223

Schwarzschneidiger Dachpilz [223, 224] *(Pluteus tricuspidatus)*

224

Kenntlich an der schwärzlichen Schneide der Blätter.

Der **Hut** ist 40–120 mm breit und gewöhnlich schwarzbraun. Die **Blätter** sind bauchig und frei, zuerst weißlich, dann zartrosa. Der **Stiel** ist 60–120 mm lang, 7–15 mm dick, hart und mit schwarzbraunen Flocken bedeckt. Das **Fruchtfleisch** ist weißlich, von unauffälligem Geruch und Geschmack.

Wächst von Juni bis Oktober an Holz von Nadelbäumen. Kommt in der Tiefebene bis hin zum Gebirgsvorland verstreut vor. Verhältnismäßig schmackhafter **Speisepilz.**

Schneeweißer Egerling [225] *(Agaricus chionodermus)*

An der weißen Haut von Hut und Stiel sind charakteristische Schüppchen zu erkennen.

Der **Hut** ist 40–150 mm breit und fleischig. Die **Blätter** sind niedrig und anfangs weißlich, dann lange rosa und im Alter schokoladenbraun. Der **Stiel** ist 60–150 mm lang, 15–35 mm dick und tief im Boden eingesunken; er hat einen doppelten Ring, der im Alter verschwindet. Das **Fruchtfleisch** ist weiß, riecht wie der Sand-Röhrling (*Suillus variegatus*) und schmeckt angenehm. Wächst von April bis Oktober auf Wiesen, grasigen Parkanlagen und in vergrasten Wäldern. Kommt von der Tiefebene bis hin zum Gebirgsvorland – nur selten – vor. Ausgezeichneter **Speisepilz.**

225

Schiefknolliger Anis-Egerling [226] *(Agaricus essettei)*

Wir erkennen ihn an seiner abgeflachten Knolle an der Stielbasis und am Anisgeruch.

Der **Hut** ist 60–150 mm breit und weißlich, an Druckstellen gelblich verfärbend. Die **Blätter** sind in der Jugend grau-cremefarben, dann grau-zartrosa und schließlich schwarzbraun. Der **Stiel** ist 80–170 mm lang, 15–25 mm, an der Basis 30–50 mm dick, weißlich und verfärbt sich nach Druck gelblich; vom zerrissenen Schleier bleibt darauf ein überhängender häutiger Ring übrig. Das **Fruchtfleisch** ist weißlich und am Stiel dunkler, von angenehmem Geschmack.

Wächst von Juni bis Oktober von der Tiefebene bis hin zum Gebirgsvorland.

Ausgezeichneter **Speisepilz.**

226

227

Weißer Anis-Egerling oder **Schaf-Champignon** [227] *(Agaricus arvensis)*

Er hat Blätter ohne rosa Schattierungen und riecht nach Anis oder Bittermandel.

Der **Hut** ist 50–140 mm breit und cremefarben. Die **Blätter** sind lange hell, dann graubräunlich mit fleischfarbener Schattierung und schließlich schwarzbraun. Der **Stiel** hat 60–150 mm Länge, 10–30 mm Dicke, ist weißlich, verfärbt sich nach Druck gelblich und hat einen dauerhaften weißlichen Ring. Das **Fruchtfleisch** ist fest, weißlich und von nußartigem Geschmack.

Wächst häufig von Juni bis Oktober von der Tiefebene bis hin zum Gebirgsvorland.

Ausgezeichneter **Speisepilz.**

228

Wiesen- oder **Feld-Egerling, Wiesen-Champignon** [228] *(Agaricus campestris)*

Die Blätter sind in der Jugend lebhaft rosa, später braun-rötlich bis schwarzbraun.

Der **Hut** ist 40–100 mm breit, seine Haut reicht ziemlich lange über den Rand hinaus und ist weißlich bis bräunlich. Die **Blätter** sind bauchig, dicht und frei (sie reichen nicht bis zum Stiel). Der **Stiel** ist 40–80 mm hoch und 10–20 mm dick, mit einem weißlichen häutigen Ring, unter ihm in der Jugend mit wattiger Oberfläche, im Reifezustand kahl werdend und von oben her ins Schwarzbraune dunkelnd. Das **Fruchtfleisch** ist nicht allzu hart, weißlich und am Schnitt schwach rot verfärbend, vor allem am Stiel; in der

Jugend von würzigem Geruch und angenehmem Geschmack, im Alter unangenehm riechend.

Wächst von Mai bis November auf Wiesen, Weiden, Feldern und in Gärten, ausnahmsweise auch in Wäldern. Kommt von der Tiefebene bis hin zum Gebirgsvorland häufig vor.

Eßbar, in der Jugend schmackhaft und für jegliche Zubereitung geeignet.

Karbol-, Tinten- oder **Gift-Egerling, Weißer Giftchampignon** [229] *(Agaricus xanthodermus)*

Der Stiel ist schlank, meist knollig und an Druckstellen gelb verfärbend.

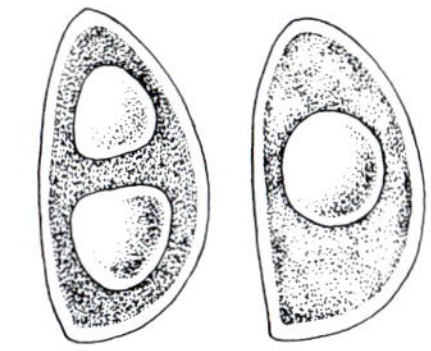

Sporen

Der **Hut** ist 50–130 mm breit und nicht allzu fleischig, weißlich, im Reifezustand oft graufleckig, nach Druck gelb anlaufend. Die **Blätter** sind ziemlich niedrig und in der Jugend hell, dann rosa-fleischfarben und schließlich schwärzlich-braun. Der **Stiel** ist 60–150 mm hoch und 10–15 mm dick, an der Basis bis 25 mm verdickt, aber bald hohl, weißlich, mit einem dicken weißlichen Ring. Das **Fruchtfleisch** ist weißlich, am unteren Teil des angeschnittenen Stiels chromgelb; der Geruch ist tintenartig, bei Warmzubereitung intensiver, und der Geschmack unangenehm.

Wächst von Juni bis Oktober in Wäldern, Büschen, Parkanlagen, Alleen und Gärten. Bevorzugt stickstoffreiche Böden. Kommt in der Tiefebene und in Hügellandschaften vor, stellenweise häufig.

Ist **schwach giftig**. Ruft leichtere Vergiftungen hervor, begleitet von Unwohlsein und Erbrechen.

229

230

Riesen-Egerling [230] *(Agaricus augustus)*

Wir erkennen ihn an seinen rostfarbenen Schuppen.

Der **Hut** ist 60–200 mm breit und fleischig. **Die Blätter** sind schmal und in der Jugend weißlich, dann graurosa bis schokoladenbraun. Der **Stiel** ist 80–200 mm lang, 20–35 mm dick und geschuppt, flokkig bis kahl, weißlich bis ockergelb, mit überhängendem Ring. Das **Fruchtfleisch** ist weißlich bis gelblich, von Bittermandel- oder Anisgeruch und köstlichem Geschmack.

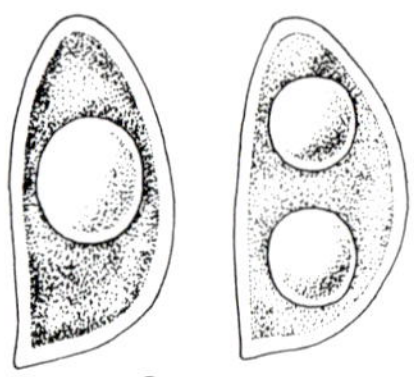

Sporen

Wächst von August bis Oktober in Nadel- und Laubwäldern. Kommt in der Tiefebene bis hin zum Gebirgsvorland verstreut vor.

Ausgezeichneter **Speisepilz**.

Feinschuppiger Egerling [231] *(Agaricus squamulifer)*

Hat kleine bräunliche Schuppen an der Haut am Hut und abstehende Schuppen an der Stielbasis.

Der **Hut** ist 50–120 mm breit und in der Jugend gerundet würfelförmig, später gewölbt, aber mit flachem bis leicht eingedrücktem Scheitel, fleischig und fest, auf weißlichem bis graubraunem Untergrund konzentrisch mit angedrückten Schüppchen bedeckt. Die **Blätter** sind dicht und in der Jugend hellrosa, mit weißlicher Schneide, am Schnitt fleischrot verfärbend, im Alter dunkler bis schwarzbraun werdend. Der **Stiel** ist 60–100 mm hoch und 20–30 mm dick, fast zylindrisch, robust, fest und hart, an der Basis braungeschuppt und im Alter kahl, zuerst weißlich, später bräunlich, mit einem festen lederartigen Ring, der oben weißlich und an der Unterseite braun geschuppt ist. Das **Fruchtfleisch** ist dick und fleischig, hart, fest und weißlich, verfärbt sich am Schnitt rosa bis orange, bei feuchtem Wetter sogar bis blutrot, hauptsächlich an der Rinde und über den Blättern; hat einen angenehmen Obstgeruch und süßlichen nußartigen Geschmack.

Wächst von Juni bis Oktober an grasigen Stellen außerhalb des Waldes, aber auch in hellen Nadelwäldern. Bevorzugt kalkreiche Böden. Kommt in Hügellandschaften und im Gebirgsvorland verstreut vor.

Ist **eßbar**, schmackhaft und in der Küche vielseitig verwendbar.

231

232

Blut- oder **Wald-Egerling** [232] *(Agaricus langei)*

Wir erkennen ihn an seinem stattlichen Fruchtkörper, am braun geschuppten Hut und an der Rotverfärbung gedrückter Haut am Stiel.

Der **Hut** ist 60–140 mm breit, fleischig und auf bräunlichem Untergrund dicht mit rostbraunen faserigen Schüppchen bedeckt. Die **Blätter** sind dicht, niedrig und in der Jugend rosa, später braun bis braun-schwarz, mit einer weißlichen, nicht flockigen Schneide. Der **Stiel** ist 70–150 mm hoch und 20–30 mm dick, zylindrisch, hart und fest, im Reifezustand hohl, mit einem mächtigen abstehenden Ring, über dem Ring kahl und darunter flockig, anfangs weißlich und später gräulich. Das **Fruchtfleisch** ist weißlich, am Schnitt rosa bis rötlich anlaufend, vor allem oben am Stiel und unter seiner Haut; es riecht schwach und schmeckt säuerlich.

Wächst von August bis November unter Nadel- und Laubbäumen, vor allem unter Fichten, besonders auf kalkreichen Böden. Kommt von der Tiefebene bis hin zum Gebirgsvorland verstreut vor.

Ausgezeichneter **Speisepilz**, für jedwede Küchenzubereitung geeignet.

Frühlings-Ackerling oder **-Schüppling** [233] *(Agrocybe praecox)*

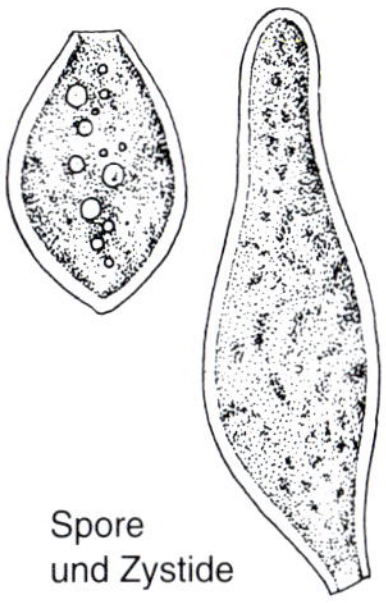

Spore und Zystide

Charakterisiert durch einen häutigen Schleier, der in der Jugend die Blätter verdeckt; daraus entsteht ein überhängender, im Alter verschwindender Ring.

Der **Hut** ist 30–80 mm breit und in der Jugend gewölbt, aber bald abgeflacht, glatt und hygrophan, creme-weißlich bis ocker-bräunlich. Die **Blätter** sind in der Jugend weißlich, dann gräulich, bräunlich bis schmutzigbraun. Der **Stiel** ist 40–100 mm hoch und 5–10 mm dick, im Alter hohl, mit weißlichen Myzelfasern an der Basis, fast kahl, weißlich bis ocker-cremefarben. Das **Fruchtfleisch** ist weich und weißlich, am Stiel bräunlich, von mehligem Geruch und Geschmack, roh oft leicht bitter.

Wächst von Mai bis Juli in grasigen Nadel- und Laubwäldern sowie an ihren Rändern, auch in Parkanlagen, Büschen und Gärten, auf Wiesen, an Rainen und Wegrändern. Kommt von der Tiefebene bis hin zum Gebirgsvorland häufig vor.

Ist **eßbar** und für Pilzmischungen verwendbar.

233

Schopf-Tintling oder **Spargelpilz** [234] *(Coprinus comatus)*

Charakteristisch sind die großen Schuppen am Hut.

Der **Hut** ist 30–100 mm hoch und weißlich, stellenweise bis ockerfarben. Die **Blätter** sind in der Jugend weißlich, dann rosa bis schwarz, im Alter zerfließen sie. Der **Stiel** mißt 50–250 mm Höhe und 10–25 mm Dicke und ist hohl, weißlich, mit verschwindendem Ring. Das **Fruchtfleisch** ist weiß, von zartem Geruch und Geschmack. Wächst von Mai bis September an grasigen Stellen in der Tiefebene bis hin zum Gebirgsvorland, nach Regenfällen häufig. Ein **eßbarer**, in der Jugend sehr schmackhafter Pilz.

234

235

Grauer, Falten- oder **Knoten-Tintling** [235] *(Coprinus atramentarius)*

Wir erkennen ihn an der reifenförmigen Verbreiterung am unteren Teil des Stiels.

Der **Hut** ist 30–80 mm hoch, strahlenförmig gerieft und aschfarben. Die **Blätter** sind in der Jugend gräulich, dann schwarzbraun bis schwarz, im Alter zerfließen sie am Rand. Der **Stiel** ist 50–150 mm lang, 5–15 mm dick, hohl und weißlich. Das **Fruchtfleisch** ist weißlich, von unauffälligem Geruch und Geschmack.

Wächst von Mai bis November an Wegen, auf Schutthalden und in Parkanlagen. Kommt von der Tiefebene bis zum Gebirgsvorland häufig vor. Wird **nicht zum Verzehr empfohlen**; ist in Verbindung mit Alkohol sogar giftig.

Spore

236

Hochthronender Schüppling [236, 237] *(Pholiota aurivella)*

237

Die Haut an Hut und Stiel ist gelb und mit rostfarbenen Schuppen bedeckt.

Der **Hut** ist 40–120 mm breit und in der Jugend meist halbkugelförmig, mit nach unten gebogenem Rand und faserigen Schleierresten, später niedrig gewölbt, selten geschuppt und immer schleimig. Die **Blätter** sind hoch und dicht, gelblich bis rostbraun. Der **Stiel** ist 50–120 mm hoch und 10–20 mm dick, voll und trocken, in der Jugend geschuppt, später aber bis kahl, an der Basis bräunlich, mit verschwindendem Ring. Das **Fruchtfleisch** ist saftig und gelblich, am Stiel rostbraun, von unauffälligem Geruch und mildem bis bitterlichem Geschmack. Wächst von Juni bis November an Holz von Laubbäumen, gewöhnlich büschelig, und ist von der Tiefebene bis hin zum Gebirgsvorland recht häufig.

Eßbar, aber wenig schmackhaft, nur für Pilzmischungen verwendbar.

Gemeines Stockschwämmchen [238] *(Kuehneromyces mutabilis)*

Charakterisiert durch einen hygrophanen Hut, geschuppten Stiel und büscheliges Wachstum.

Der **Hut** ist 20–60 mm breit, kahl und glatt, bei feuchtem Wetter wäßrig zimt- oder gelbbraun, bei trockenem heller, ocker oder honiggelb (bei Trockenwerden beginnt er von der Mitte her zu verblassen). Die **Blätter** sind dicht und in der Jugend von einem häutigen Schleier verdeckt, hell, mit einem bräunlichen Schimmer, später blaß zimtfarben bis rostbraun. Der **Stiel** ist 30–70 mm hoch und 4–8 mm dick, zylindrisch und zäh, in der Jugend voll, später hohl, mit einem verschwindenden rostfarbenen Ring, oben leicht gerieft und blaß, unter dem Ring mit rostfarbenen bis schwarzbraunen Schüppchen bedeckt. Das **Fruchtfleisch** ist am Hut weich und weißlich, am Stiel fest und rostbraun, von angenehmem, süßlich würzigem Geruch und köstlichem Geschmack.

Wächst von April bis Dezember an Stümpfen und abgestorbenen Stämmen von Laubbäumen, bisweilen auch an Fichten. Kommt in der Tiefebene bis hin zum Gebirgsvorland häufig vor.

Ist ein ausgezeichneter **Speisepilz** und hauptsächlich für Suppen, Saucen, Füllungen und zu Fleisch geeignet, aber auch zum Einlegen in Essig. Verwendet wird nur der Hut.

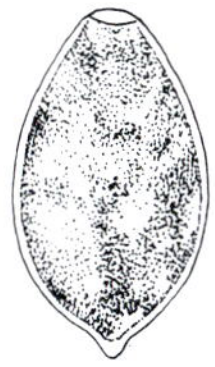

Spore

238

239

Ziegelroter Schwefelkopf [239] *(Hypholoma sublateritium)*

Gekennzeichnet durch büscheliges Wachstum an Laubbaumholz und eine ziegelrote Haut am Hut, in der Jugend auch mit Resten des Schleiers am helleren Hutrand.

Der **Hut** ist 30–80 mm breit und in der Jugend halbkugelförmig, später niedrig gewölbt, ziemlich fleischig, glatt und trocken, in der Jugend mit weißlichen und gelblichen Schleierresten bedeckt, besonders am Rand, später kahl. Die **Blätter** sind in der Jugend von einem dichten Schleier verdeckt; sie sind zuerst gelblich, später braunoliv, im Alter auch mit Purpurschattierungen, an der Schneide lange mit hellen Flocken bedeckt. Der **Stiel** ist 50–120 mm hoch und 5–15 mm dick, im Alter hohl, an der Oberfläche faserig, oben gelblich, weiter unten braungelb und an der Basis rostfarben oder braun. Das **Fruchtfleisch** ist verhältnismäßig fleischig und hart, weißlich bis gelblich, von unauffälligem Geruch und mildem bis bitterlichem Geschmack, in der Haut aber immer bitter.

Wächst hauptsächlich im April und Mai, dann von August bis November, auch in frostlosen Wintermonaten, meist an Buchen, Eichen und Birken. Von der Tiefebene bis hin zum Gebirgsvorland häufig.

Sein bitteres Fruchtfleisch macht ihn **ungenießbar**.

Graublättriger Schwefelkopf [240, 241] *(Hypholoma capnoides)*

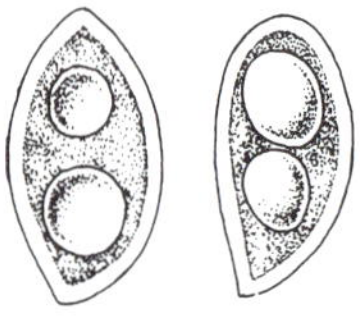

Sporen

Unterscheidet sich vom Ziegelroten Schwefelkopf durch Grauschattierungen an den Blättern und büscheliges Wachstum an Holz von Nadelbäumen.

Der **Hut** ist 20–60 mm breit, gewöhnlich niedrig gewölbt und glatt, in der Jugend mit seidigen Schleierresten bedeckt, bald jedoch kahl, bei feuchtem Wetter leicht schleimig, sonst trocken, ockerorange, am Rand meist cremefarben. Die **Blätter** sind anfangs fast weißlich, bald gräulich bis aschfarben oder graublau wie Mohn. Der **Stiel** ist

40–100 mm hoch und 5 bis 10 mm dick, in der Jugend voll, bald jedoch hohl, an der Oberfläche leicht faserig bis flockig, oben cremefarben und weiter unten gelblich bis ocker, am unteren Teil rostfarben. Das **Fruchtfleisch** ist dünn, am Hut und oberen Teil des Stiels weißlich bis gelblich, am unteren Stielteil rostbraun, von angenehmem, schwachem Geruch und Geschmack. Wächst von März bis Dezember an Stümpfen und abgestorbenen Stämmen und Wurzeln von Fichten, seltener an anderen Nadelbäumen. Kommt von der Tiefebene bis ins Bergland, im Gebirgsvorland häufig, sonst verstreut bis recht häufig vor. Ist **eßbar**, sehr schmackhaft und geeignet für Frischzubereitung sowie zum Einlegen in Essig.

240

241

242

Knolliger Schleierritterling [242] *(Leucocortinarius bulbiger)*

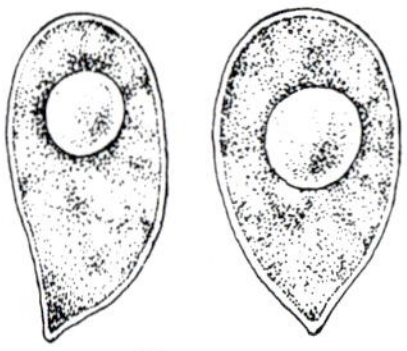

Sporen

Charakteristisch für ihn ist die abgesetzte, 30–50 mm breite Knolle an der Stielbasis.

Der **Hut** ist 50–120 mm breit, dickfleischig und ziemlich lange mit weißlichen Schleierresten bedeckt, im Alter kahl, gelbbraun bis braunrot. Die **Blätter** sind weißlich bis hell cremefarben, im Alter mit einem bräunlichen Schimmer und oft auch mit rostig-fleckiger Schneide. Der **Stiel** ist 50–70 mm hoch und 10–20 mm dick, voll, leicht faserig und weißlich, an der Basis bräunlich, oben mit weißlichen faserigen Resten des Schleiers, der in der Jugend die Blätter verdeckt und dann ganz verschwindet. Das **Fruchtfleisch** ist fleischig, am Hut ziemlich weich und brüchig, am Stiel faserig, weißlich, ohne auffälligeren Geruch und Geschmack.

Wächst von August bis November in Nadelwäldern, vor allem in Fichtengehölzen. Kommt in der Tiefebene bis hin zum Gebirgsvorland verstreut vor.

Ist **eßbar** und schmackhaft.

Natternstieliger Schleimfuß [243, 244] *(Cortinarius trivialis)*

Kennzeichnend sind seine dicken abstehenden Schuppen am Stiel.

Der **Hut** ist 40–120 mm breit, in der Jugend mit nach unten gebogenem Rand und sehr schleimiger Haut; auf reifen Fruchtkörpern verliert sich der Schleim bei trockenem Wetter, die Haut ist meist bräunlich bis semmelbraun. Die **Blätter** sind in der Jugend von einem dichten weißlichen Netz verdeckt und wäßrig braun oder mit einem violetten Schimmer überzogen; im Reifezustand werden sie rostfarben. Der **Stiel** ist 50 bis

243

244

130 mm hoch und 12–25 mm dick, an der Basis verengt, voll, in der Jugend und bei feuchtem Wetter sehr schleimig, oben fast glatt und weißlich, unter der Ringzone gewöhnlich rostfarben und auffallend geschuppt. Das **Fruchtfleisch** ist hart und weißlich bis gelblich, nur oben am Stiel ins Violette spielend und an der Basis rostfarben, von unauffälligem Geruch und mildem Geschmack.

Wächst von August bis November unter Laubbäumen, vor allem unter Eichen, Espen und Salweiden.

Ist zwar **eßbar**, aber wegen möglicher Verwechslung mit ungenießbaren Arten **nicht zum Verzehr zu empfehlen**.

Eine der Formen des Natternstieligen Schleimfußes (*Cortinarius trivialis*)

245

Reifpilz oder **Zigeuner, Runzel-Schüppling** [245] *(Rozites caperata)*

Die Blätter sind in der Jugend von einem häutigen Schleier verdeckt; hat eine bereifte silbrige oder grauviolett überhauchte Haut am Hut.

Der **Hut** ist 40–120 mm breit, hoch gewölbt bis abgeflacht und oft runzelig, in der Jugend mit Schleierresten am Rand, im Reifezustand kahl, ledergelb bis semmelbraun. Die **Blätter** sind hoch und dicht, gelblich bis rostbraun, mit gezähnter weißlicher Schneide. Der **Stiel** ist 70–150 mm hoch und 12–30 mm dick, zylindrisch und an der Basis oft knollig verbreitert, oben filzig flockig und weiter unten leicht gerieft und faserig, creme-weißlich bis ocker; aus dem zerrissenen Schleier entsteht ein Ring mit doppelter Schneide, der schmal ist, häutig und bald überhängend, weißlich bis gelblich. Das **Fruchtfleisch** ist weich, wäßrig weißlich und unter der Haut ockergelb, von schwachem angenehmen Geruch und mildem Geschmack. Wächst von Juli bis Oktober in Nadel- und Laubwäldern, fast ausschließlich unter Fichten, Kiefern und Buchen und nur auf sauren Böden. Kommt von der Tiefebene bis hin zum Bergland vor, stellenweise häufig. Ist **eßbar**, sehr schmackhaft und ergiebig. Geeignet für jede Frischzubereitung. Junge Fruchtkörper sind ausgezeichnet in Essigaufguß zu marinieren.

Kegeliger Rißpilz [246, 247] *(Inocybe fastigiata)*

Der verhältnismäßig stämmige Fruchtkörper hat einen ausgeprägten Buckel am Hut und im Gegensatz zu den anderen Rißpilzen keine Knolle an der Stielbasis.

Der **Hut** ist 30–70 mm breit und strahlenförmig faserig, ockerbraun mit einem Olivschimmer. Die **Blätter** sind ockerweiß bis olivbraun, mit einer weißlich flockigen Schneide. Der **Stiel** ist 50–100 mm lang, 5 bis 12 mm dick und oben flockig, weiter unten auf weißlichem Untergrund bräunlich faserig. Das **Fruchtfleisch** ist weißlich und über den Blättern gelblich, von schwach spermaartigem Geruch und unangenehmem Geschmack. Wächst von Juni bis September unter Laub- und Nadelbäumen. Kommt in der Tiefebene sowie in Hügellandschaften häufig vor.

Stark giftig.

246

247

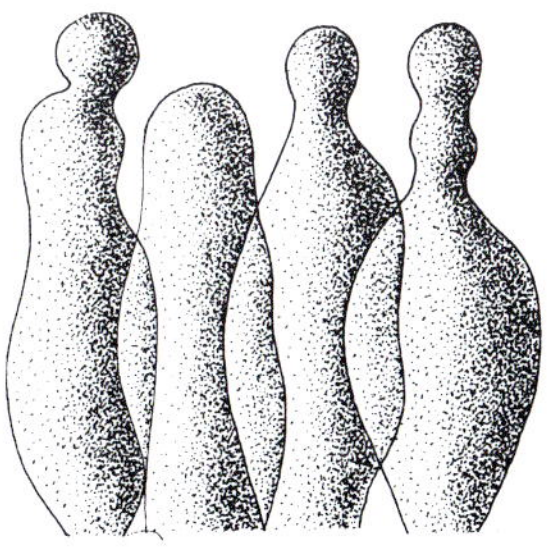

Cheilozystiden

Rettich-Fälbling [248] *(Hebeloma sinapizans)*

Der Hut ist silbrig bereift, der Pilz hat einen radieschenartigen Geruch und bitteren Geschmack.

Der **Hut** ist 50–120 mm breit und gelb-rostfarben, am Rand lange weißlich. Die **Blätter** sind bräunlich-cremefarben bis zimtbraun, mit einer hell flockigen Schneide. Der **Stiel** ist 40–100 mm lang, 10–20 mm dick und geschuppt, in der Jugend voll und weißlich, im Alter hohl und bräunlich. Das **Fruchtfleisch** ist dick, weißlich und wegen seiner Bitterkeit **ungenießbar**.

Wächst von August bis Oktober in Laub- und Nadelwäldern, hauptsächlich unter Buchen. Kommt von der Tiefebene bis hin zum Gebirgsvorland stellenweise häufig vor.

248

249

Beringter Flämmling [249] *(Gymnopilus junonius)*

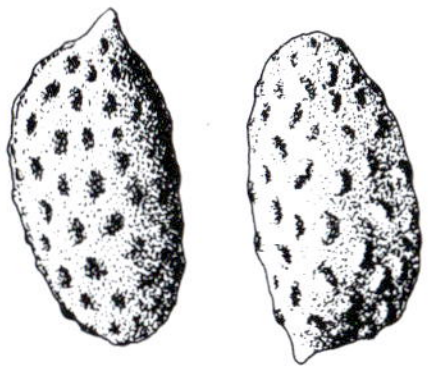

Sporen

Charakterisiert durch eine Gelbbraun- bis Rostfärbung von Hut, Blättern und Stiel; das Fruchtfleisch ist gelb und sehr bitter.

Der **Hut** ist 50–200 mm breit, die Haut in der Jugend samtig, dann faserig bis geschuppt. Die **Blätter** sind dünn, im Alter mit eingekerbter Schneide. Der **Stiel** ist 70–150 mm lang, 15–35 mm dick und oben flockig, weiter unten faserig; er hat einen dünnen, bei trokkenem Wetter verschwindenden Ring. Das **Fruchtfleisch** riecht nach Radieschen.

Wächst von August bis Oktober an Holz von Laubbäumen, gewöhnlich büschelig und verstreut in der Tiefebene und in Hügellandschaften.

Ungenießbar.

Kapitel 10

BRÜCHIGE TÄUBLINGE UND MILCHLINGE

Die Täublinge und Milchlinge bilden eine besondere, genau abgegrenzte Gruppe von Pilzen. Schon ihr brüchiges, sprödes Fruchtfleisch verrät sie. Es franst nicht wie bei den anderen, aus langen Fasern bestehenden Pilzen, sondern es läßt sich nur stückchenweise herausschneiden, ähnlich wie das Fleisch reifer Äpfel, denn es setzt sich aus kurzen Fasern oder kugelförmigen Zellen zusammen. Unter dem Mikroskop sehen wir außer diesen Grundzellen des Gewebes noch besondere Milchfäden (Hyphen) – bei den Milchlingen mit und bei den Täublingen ohne Milch. Die Milchabsonderung können wir an angeschnittenen Blättern oder auseinandergebrochenem Fruchtfleisch beobachten, vor allem am Hut junger Pilze.

Täublinge und Milchlinge stellen, auch wenn sie in Europa in rund 250 Arten vorkommen, keine ernsthaftere Gefahr für die Pilzsammler dar. Nur einige von ihnen können vorübergehende gesundheitliche Beschwerden hervorrufen. Für die Täublinge gilt sogar die wertvolle Regel: Alle, bei denen das Fruchtfleisch mild schmeckt und nicht auf der Zunge brennt, sind eßbar.

Lederstiel-Täubling [250] *(Russula viscida)*

Wir erkennen ihn am robusten Fruchtkörper und an der ledergelben bis braunorangefarbenen Haut der unteren Stielhälfte.

Der **Hut** ist 50–150 mm breit und in der Jugend hoch gewölbt, im Reifezustand abgeflacht bis leicht eingedrückt, hart, auch im Alter fest, am Rand glatt oder nur andeutungsweise gerieft, an der Oberseite klebrig und etwas glänzend, nach dem Trockenwerden matt, sehr unterschiedlich gefärbt – meist rotbraun, violettbraun oder purpurrot, mit gelben, olivfarbenen oder bräunlichen Tönen. Die **Blätter** sind bis 15 mm breit, mitteldicht und brüchig, in der Jugend weißlich, dann cremefarben und im Alter mit rostfarbenen Flecken. Der **Stiel** ist 60–150 mm hoch und 20–40 mm dick, schmal keulenförmig bis zylindrisch, in der Jugend voll, fest, hart und hell, später gepolstert, weicher und von unten her braun werdend. Das **Fruchtfleisch** ist hart und weißlich, stellenweise gelblich bis bräunlich schimmernd, von schwachem Obstgeruch, in den Blättern pfeffrig brennend, am Stiel von mildem Geschmack.

Wächst von Juli bis September in Nadelwäldern, hauptsächlich in Fichten-, Tannen- und Kieferngehölzen. Bevorzugt kalkreiche Böden, verträgt aber auch einen sauren Untergrund. Kommt im Gebirgsvorland und im Bergland vor, ausnahmsweise auch in Hügellandschaften oder an der oberen Waldgrenze. Gehört fast immer zu den selteneren Arten.

Ist zwar **eßbar**, aber von minderwertigem Geschmack und wegen seiner Seltenheit ohne größere Bedeutung.

251

Chromgelber Täubling [251] *(Russula claroflava)*

Die einfarbige chrom- oder orangegelbe Haut am Hut ist bei feuchtem Wetter sehr schleimig und glänzend, bei trockenem matt.

Der **Hut** ist 50–100 mm breit und in der Jugend halbkugelförmig mit nach unten gebogenem Rand, im Reifezustand bis eingedrückt, fleischig, hart und fest. Die **Blätter** sind ziemlich dicht und brüchig, in der Jugend weißlich, dann cremefarben, im Alter grau werdend. Der **Stiel** ist 40–90 mm hoch und 10–25 mm dick, voll und fest, im Reifezustand schwammig gepolstert und länglich runzelig, oben bereift und weiter unten kahl, weißlich und im Alter auffällig grau verfärbend. Das **Fruchtfleisch** ist ziemlich dick, hart, fest und weißlich, nach Anschneiden und im Alter grauend; der Geruch ist meist süßlich, der Geschmack in der Jugend bitterlich, später mild und süßlich.

Wächst von Juli bis Oktober an feuchten Stellen unter Birken. Bevorzugt saure Böden. Kommt in der Tiefebene bis hin zum Gebirgsvorland vor, stellenweise recht häufig. Wächst nicht in trockeneren Birkengehölzen. Meidet auch einen kalkhaltigen Untergrund.

Eßbar und schmackhaft.

Spei-Täubling oder **Speiteufel** [252, 253] *(Russula emetica)*

Er hat einen blutroten Hut, am Scheitel gelb verfärbend, und einen scharf brennenden Geschmack. Blätter und Stiel sind weißlich.

Der **Hut** ist 30–90 mm breit und am Rand zuerst glatt, später gerieft, bei feuchtem Wetter mit einer klebrigen glänzenden Haut. Die **Blätter** sind nicht allzu dicht, mit einer geringen Zahl kürzerer Blättchen. Der **Stiel** ist 40–90 mm hoch und 10 bis 20 mm dick, oft runzelig, im Reifezustand weich und brüchig. Das **Fruchtfleisch** ist weich, brüchig und weiß, unter der Haut am Hut zartrosa, mit schwachem Obstgeruch.

Wächst von Juli bis Oktober unter Fichten, Kiefern und Birken. Bevorzugt feuchte, moosige, saure Böden. Kommt von der Tiefebene bis in Hochgebirgsregionen stellenweise häufig vor.

Ist wegen seines brennenden Geschmacks **ungenießbar**, ruft auch leichte Vergiftungen hervor, die von Erbrechen begleitet sind.

252

253

Spore

Russula emetica var. *silvestris* (253) wächst in trockenen Wäldern

254

Ockergelber, Gelbweißer oder **Zitronentäubling** [254] *(Russula ochroleuca)*

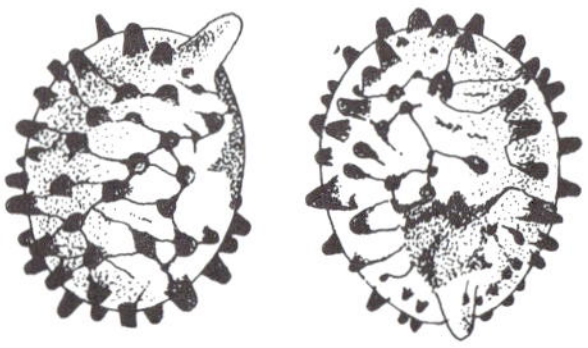

Sporen

Die Haut am Hut ist einfarbig, meist gelbocker, bisweilen auch mit einer Orange-, Braun- oder Olivschattierung.

Der **Hut** ist 40–100 mm breit und gewölbt bis leicht vertieft, am Rand glatt, höchstens im Alter schwach gerieft, fleischig und bei feuchtem Wetter mit einer klebrigen Haut überzogen. Die **Blätter** sind in der Jugend dicht und im Alter spärlich, brüchig und tränend, weißlich, hell sahnefarben bis graugelb. Der **Stiel** ist 40–80 mm hoch und 15–25 mm dick, zylindrisch bis schmal keulenförmig, in der Jugend voll und fest, im Alter schwammig gepolstert, weißlich bis graugelb, im unteren Teil mit Braunockertönen. Das **Fruchtfleisch** ist sehr hart, fest und weißlich, später gräulich, von unauffälligem Geruch und leicht brennendem Geschmack.

Wächst von Juli bis November auf feuchtem Humus in älteren Fichten- und Kiefernwäldern, bisweilen auch unter Laubbäumen, vor allem auf feuchteren sauren Böden. Kommt in der Tiefebene bis hin zum Gebirgsvorland vor, stellenweise sehr häufig.

Ungenießbar.

Gallen-Täubling [255] *(Russula fellea)*

Charakterisiert durch eine strohgelbe bis honigbräunliche Haut am Hut und einen besonderen Geruch und Geschmack des Fruchtfleisches.

Der **Hut** ist 30–80 mm breit und schon in frühem Reifezustand abgeflacht und in der Mitte leicht vertieft, am Rand anfangs glatt, später ganglienartig gerieft, bei feuchtem Wetter klebrig. Die **Blätter** sind ziemlich spärlich und brüchig, tränend und in der Jugend hell cremefarben, später vom Hutrand aus nach und nach ocker verfärbend. Der **Stiel** ist 30–70 mm hoch und 10–20 mm dick, anfangs voll und fest, im Alter gekammert hohl, hell cremefarben, stellenweise mit Rostockerflecken, bisweilen ganz ocker. Das **Fruchtfleisch** ist trocken, brüchig und weißlich, unter der Haut bis gelblich, im Alter mit einem Hellockerschimmer; es riecht muskatartig oder wie Apfelkompott, der Geschmack ist mittelmäßig bis stark brennend und gleichzeitig bitterlich.

Wächst von August bis November in Laub- und Nadelwäldern, vor allem in Buchen- und Fichtengehölzen. Kommt von der Tiefebene bis zum Gebirgsvorland vor, stellenweise häufig.

Ungenießbar.

255

259

Stink-Täubling [259] *(Russula foetens)*

Hat eine ockerfarbene bis honigbraune Haut am Hut, die bei feuchtem Wetter von einer dickeren Schleimschicht bedeckt ist.

Der **Hut** ist 50–150 mm breit, dickfleischig und gewölbt, im Alter bis vertieft und am Rand gerieft. Die **Blätter** sind bis 15 mm hoch und an beiden Enden verengt, oft gegabelt und in der Jugend dicht, creme-weißlich und mit klaren Tröpfchen bedeckt, im Reifezustand spärlicher, strohgelb mit rostbraunen Flecken und schließlich ganz rostfarben. Der **Stiel** ist 60–120 mm hoch und 20–35 mm dick, meist zylindrisch und in der Jugend sehr hart, fest und voll, im Alter gekammert hohl, auf weißlichem Untergrund mit gleichfarbigen und später braun werdenden Flocken bedeckt, an der Basis braunfleckig. Das **Fruchtfleisch** ist hart und weißlich, unter der Haut am Hut gelblich und in der Höhlung des Stiels rostfarben, von unangenehmem, im Alter oft widerlichem Geruch (erinnert an verbranntes Fett) und brennendem Geschmack.

Wächst von Juni bis Oktober in Laub- und Nadelwäldern. Kommt von der Tiefebene bis zum Gebirgsvorland häufig vor. **Ungenießbar**.

Wiesel-Täubling [260] *(Russula mustelina)*

Charakteristisch sind die steinpilzartige Form des Fruchtkörpers, das sehr harte Fleisch und das Vorkommen auf sauren Böden unter Fichten.

Der **Hut** ist 50–120 mm breit und lange gewölbt, schließlich bis abgeflacht und in der Mitte leicht vertieft, festfleischig; die Haut ist bei feuchtem Wetter schleimig, bei trokkenem matt, ocker-bräunlich, rost- bis dunkelbraun. Die **Blätter** sind am Stiel niedrig und am äußeren Ende breit gerundet, weißlich bis sahnegelb, im Alter oft braunfleckig. Der **Stiel** ist 40–80 mm hoch und 20–30 mm dick, mit krustiger Haut und weißlich, im Alter rostig-fleckig. Das **Fruchtfleisch** ist weißlich, stellenweise bis rostfarben, von unmerklichem Geruch und süßlich nußartigem Geschmack.

Wächst von Juli bis Oktober. Kommt von der Tiefebene bis hin zum Gebirgsvorland vor, stellenweise häufig.

Eßbar und sehr schmackhaft.

260

261

Grasgrüner Täubling oder **Grüner Birken-Täubling** [261] *(Russula aeruginea)*

Die Haut am Hut ist gelboliv bis olivrau, am Scheitel meist schwarzoliv; das Fruchtfleisch hat einen milden Geschmack, die Blätter brennen aber auf der Zunge.

Der **Hut** ist 50–120 mm breit und niedrig gewölbt, später in der Mitte leicht eingedrückt, am Rand lange glatt, im Alter gerieft; die Haut ist bei feuchtem Wetter schleimig. Die **Blätter** sind dicht, brüchig und weißlich, schließlich buttergelb. Der **Stiel** ist 40–80 mm hoch und 10–20 mm dick, in der Jugend fest und im Alter schwammig gepolstert und brüchig, weißlich, im Alter an der Basis rostfarben. Das **Fruchtfleisch** ist weißlich, in der Jugend fest, später brüchig, von unauffälligem Geruch.

Wächst von Juni bis Oktober in Laub- und Nadelwäldern, vor allem unter Birken. Kommt in der Tiefebene bis hin zum Gebirgsvorland häufig vor, besonders auf sauren Böden.

Ist **bedingt eßbar**. Verliert durch Trocknen den brennenden Geschmack, wird aber leicht bitterlich. Läßt sich in geringeren Mengen für Pilzmischungen verwenden, muß jedoch länger als 20 Minuten warm zubereitet werden, weil er sonst Magenbeschwerden hervorruft.

Camembert-Täubling [262] *(Russula amoenolens)*

Gekennzeichnet durch einen strahlenförmig gerieften Hutrand, brennenden Geschmack und unagenehmen Geruch, der an Camembert erinnert.

Der **Hut** ist 40–120 mm breit und gewölbt bis weit trichterförmig, an der Oberseite bei feuchtem Wetter klebrig und glänzend, bei trockenem matt, am Scheitel mit dunklen und zum Rand hin mit hellen graubraunen Schattierungen. Die **Blätter** sind dick und brüchig, bisweilen tränend, in der Jugend weißlich, bald aber schmutzig-cremefarben und im Alter bis bräunlich. Der **Stiel** ist 30–70 mm hoch und 15–30 mm dick, zylindrisch, an der Basis verengt bis spitz zulaufend, mit harter krustiger Haut, zuerst voll und später gekammert hohl, in der Jugend bereift, gewöhnlich gräulich, stellenweise bis bräunlich, an der Basis im Alter rostfarben. Das **Fruchtfleisch** ist in der Jugend hart und fest, im Alter brüchig, unter der Haut gräulich bis graubräunlich.

Wächst von Juni bis Oktober in Laub- und Nadel-, vor allem Eichenwäldern. Kommt in der Tiefebene bis hin zum Gebirgsvorland häufig vor.

Ist **ungenießbar**.

262

263

Roststieliger Leder-Täubling [263] *(Russula olivacea)*

Die Blätter sind nie weißlich, sondern gelblich bis ockergelb. Der Stiel ist in der Jugend weißlich, später mit rosavioletten bis purpurfarbenen Flecken.

Der **Hut** ist 70–200 mm breit und dickfleischig, mit ungerieftem Rand, hart und fest; die Haut ist bei feuchtem Wetter klebrig, bei trockenem samtig und matt, oliv, olivbraun, violett bis schwarzpurpur, oft mit Ockerflecken. Die **Blätter** sind hoch und gleich lang, oft gegabelt, brüchig, an der Schneide gewöhnlich weinrot, bisweilen auch flokkig. Der **Stiel** ist 60–120 mm hoch und 20–40 mm dick, in der Jugend schmal keulenförmig und hart, im Alter zylindrisch und schwammig gepolstert, leicht runzelig und bereift. Das **Fruchtfleisch** ist in der Jugend hart und fest, später brüchig, verhältnismäßig trocken und weißlich, unter der Haut am Hut oft rötlich und am Stiel gelblich, von unauffälligem Geruch und süßlichem Geschmack.

Wächst von Juli bis Oktober in Laub- und Nadel-, vor allem in Buchenwäldern. Kommt von der Tiefebene bis zum Gebirgsvorland stellenweise recht häufig vor.

Ist **eßbar** und bei Frischzubereitung sehr schmackhaft.

Grünschuppiger oder **Gefelderter Täubling** [264, 265] *(Russula virescens)*

Charakteristisch für ihn ist die felderig aufgesprungene Haut am Hut, die kupfer- bis graugrün gefärbt ist.

Der **Hut** ist 50–130 mm breit und gewölbt bis leicht vertieft, hart und fest. Die **Blätter** sind dicht und weißlich bis hell cremefarben, oft mit einer rostig-fleckigen Schneide. Der **Stiel** ist 40–80 mm hoch und 20–30 mm dick, sehr hart, weißlich und an der Basis manchmal rostfarben. Das **Fruchtfleisch** ist hart und nicht saftig, weißlich, oft leicht braun werdend, von unauffälligem Geruch und Geschmack.

Wächst von Juli bis September in Laub-, vor allem Eichen- und Birkenwäldern. Kommt verstreut in der Tiefebene bis hin zum Gebirgsvorland vor.

Ist **eßbar**, sehr schmackhaft und eignet sich zur Frischzubereitung sowie zur Konservierung in Essig oder Salz.

264

265

266

Frauen- oder **Violettgrüner Täubling** [266] *(Russula cyanoxantha)*

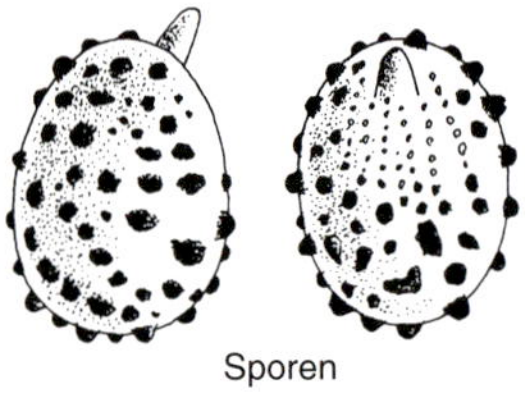

Sporen

Dieser Pilz hat weiche, auffallend elastische, nicht brüchige Blätter, die sich wie fettig anfassen.

Der **Hut** ist 50–120 mm breit und gewölbt bis leicht vertieft, fest und elastisch; die Haut ist meist blau, violett, oliv- oder rosafarben und bei feuchtem Wetter klebrig. Die **Blätter** sind an beiden Enden verengt, ziemlich dicht und dünn, oft gegabelt. Der **Stiel** ist 50–120 mm hoch und 20–30 mm dick, zylindrisch, in der Jugend fest, dann schwammig gepolstert und weicher, kahl und weißlich, manchmal mit einem violetten Schimmer. Das **Fruchtfleisch** ist hart und saftig, erinnert in Konsistenz und Färbung an Schafskäse, riecht unauffällig und schmeckt fast nußartig.

Wächst von Juni bis Oktober unter Laubbäumen, vor allem unter Buchen und Eichen, selten auch unter Nadelbäumen. Kommt in der Tiefebene und im Gebirgsvorland verstreut, auf lehmigen Böden in Hügellandschaften aber häufig vor. Bevorzugt wärmere Lagen.

Ist **eßbar** und schmeckt köstlich, eignet sich für Suppen, Saucen und Füllungen. Junge Fruchtkörper sind auch in Essig ausgezeichnet.

Speise-Täubling [267] *(Russula vesca)*

Charakteristisches Merkmal der reifen Fruchtkörper dieser Art sind rostfarbene Flecken an den Blättern und am unteren Teil des Stiels.

Der **Hut** ist 50–100 mm breit und gewölbt bis vertieft, am Rand lange glatt, im Alter mit kurzen ganglienartigen Riefen; die Haut ist fleischrot, oft mit trübvioletten bis braun-ockerfarbenen Tönen. Die **Blätter** sind dicht und oft gegabelt, weich und brüchig, bisweilend tränend, weißlich. Der **Stiel** ist 30–70 mm hoch und 15–25 mm dick, zylindrisch, oft spitz zulaufend, voll, hart und weißlich. Das **Fruchtfleisch** ist fest und weißlich, von schwachem Geruch und süßlichem nußartigen Geschmack.

Wächst von Mai bis September in Nadel- und Laubwäldern, im Gras und auf nackter Erde, vor allem an sonnigen Stellen. Kommt von der Tiefebene bis hin zum Gebirgsvorland vor, in niedrigeren Lagen häufig.

Eßbar, sehr schmackhaft und zur Frischzubereitung geeignet.

267

268

Zinnober-Täubling [268] *(Russula lepida, R. rosea)*

Dieser Täubling hat eine trockene und matte, gleichsam bereifte oder leicht samtige Haut am Hut.

Der **Hut** ist 50–100 mm breit und auffallend hart, meist zinnoberrot, mitunter bis weißlich ausblassend. Die **Blätter** sind dicht, oft gegabelt und lange weiß, später bis gelblich und an der Schneide heller, am Hutrand bisweilen rötlich. Der **Stiel** ist 40–100 mm hoch und 15–30 mm dick, hart und bereift, zuerst weiß, später mit rötlichen Flecken. Das **Fruchtfleisch** ist hart, sehr fest und trocken, unter der Haut am Hut rötlich, sonst weißlich, am Schnitt langsam schmutziggelb anlaufend, von unauffälligem Geruch und mildem Menthol- oder Harzgeschmack, in den Blättern bis bitterlich.

Wächst von Juli bis September in trockeneren Laubwäldern, vor allem unter Buchen und Eichen, manchmal auch unter Nadelbäumen. Kommt in der Tiefebene bis hin zum Gebirgsvorland recht häufig vor. **Ungenießbar**.

Brauner Leder-Täubling [269, 270] *(Russula integra, R. polychroma)*

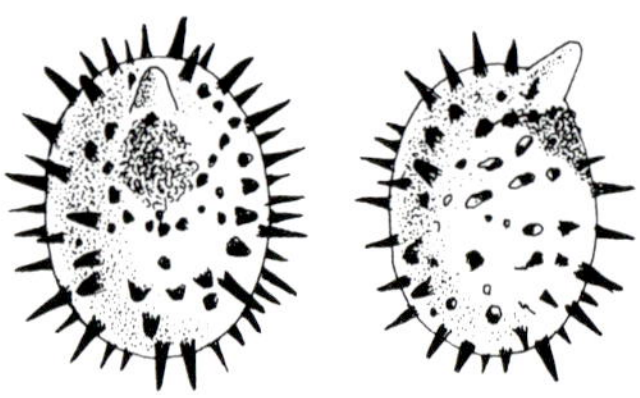

Sporen

Kenntlich an den gleich langen Blättern, die anfangs weißlich und später gelblich bis hellocker sind.

Der **Hut** ist 50–120 mm breit und gewölbt bis vertieft, am Rand in der Jugend glatt und im Alter furchig gerieft; die Haut ist bei feuchtem Wetter schleimig, bei trockenem glänzend, meist rotbraun, violettbraun oder braun. Die **Blätter** sind in der Jugend dicht, später spärlicher, brüchig. Der **Stiel** ist 40–90 mm hoch und 20–30 mm dick, weißlich, an der Basis bisweilen gelbfleckig. Das **Fruchtfleisch** ist in der Jugend hart, fest und weiß, von unauffälligem Geruch und mildem, meist süßlichem Geschmack.

Wächst von Juli bis Oktober in Nadelwäldern. Verträgt gut saure und basische Böden. Kommt von der Tiefebene bis zum Bergland vor, im Gebirgsvorland sehr häufig.

Ist **eßbar**, sehr schmackhaft und zur Frischzubereitung geeignet. Junge Fruchtkörper schmecken ausgezeichnet in Essig.

269

270

271

Roter Herings-Täubling [271] *(Russula xerampelina)*

Wir erkennen ihn am Heringsgeruch, der beim Trocknen des Fruchtfleisches deutlich zu spüren ist.

Der **Hut** ist 50–100 mm breit und gewölbt bis vertieft, fest, an der Oberseite bei feuchtem Wetter klebrig, bei trockenem matt und manchmal fast samtig, meist weinrot oder schwarzpurpurfarben, in der Mitte am dunkelsten. Die **Blätter** sind hell cremefarben, butterartig bis ocker, an Druckstellen braun anlaufend. Der **Stiel** ist 40–70 mm hoch und 15–30 mm dick, hart und bereift, weißlich bis rosa-rötlich, nach Druck braun werdend. Das **Fruchtfleisch** ist in der Jugend hart, am Hut weißlich, unter der Haut purpurrot, am Schnitt gilbend und dann bis gelbbraun dunkelnd, von süßlichem Geruch.

Wächst von Juli bis Oktober in Kiefern- und Fichtenwäldern. Kommt in Hügellandschaften und im Gebirgsvorland häufig vor.

Eßbar, recht schmackhaft und frisch verwendbar.

Scharfer Glanz-Täubling [272] *(Russula firmula)*

Charakteristisch für ihn ist die braunviolette bis purpurfarbene, stellenweise gelbbraune Haut am Hut.

Der **Hut** ist 40–90 mm breit und in der Jugend gewölbt, bald abgeflacht bis vertieft und am Rand lange glatt, im Alter jedoch ganglienartig gerieft, fest, bei feuchtem Wetter mit klebriger Haut. Die **Blätter** sind niedrig und dünn, in der Jugend hell cremefarben, später ocker bis dottergelb, an der Schneide heller. Der **Stiel** ist 30–90 mm hoch und 15–30 mm dick, längsgefurcht und in der Jugend ziemlich hart und fest, im Reifezustand weich und ganz weiß, nur an der Basis bisweilen gelblich. Das **Fruchtfleisch** am Hut ist fest und immer weiß, nur unter der Haut manchmal schmutzigviolett, von unauffälligem oder schwach obstigem Geruch; der Geschmack ist zuerst mild, nach etwa einer Minute aber schwach bis merklich brennend, am schärfsten in den Blättern.

Wächst von Juli bis Oktober in Nadel- und Laubwäldern, hauptsächlich in Fichten-, Kiefern- und Buchengehölzen. Bevorzugt kalkreiche Böden. Kommt in Hügellandschaften und im Gebirgsvorland verstreut vor.

Ungenießbar.

272

273

Kurzstieliger Pfeffer-Milchling [273] *(Lactarius piperatus)*

Wir erkennen ihn an der hellen Färbung aller Teile des Fruchtkörpers und am brennenden Geschmack von Fleisch und Milch.

Der **Hut** ist 50–130 mm breit und zuerst leicht gewölbt, dann abgeflacht und in der Mitte vertieft, im Reifezustand kahl, immer weißlich, im Alter oft mit Ockerflecken. Die **Blätter** sind sehr niedrig und dicht, gelblich oder weißlich. Der **Stiel** ist 30–100 mm hoch und 10–30 mm dick, voll, hart und weißlich. Das **Fruchtfleisch** ist hart und weißlich, von schwachem, angenehmem Geruch. Sondert reichlich weiße Milch ab, die an der Luft nicht die Farbe verändert.

Wächst von Juli bis Oktober in Laub- und Nadelwäldern, hauptsächlich in Eichen- und Buchengehölzen. Kommt von der Tiefebene bis hin zum Gebirgsvorland häufig vor.

Ist **eßbar**, aber nur in einer einzigen Zubereitung schmackhaft: Man brät ihn nach dem Aufschneiden mit Speck und Zwiebeln und schmeckt ihn mit Salz und Gewürzen ab.

Zottiger Violett-Milchling [274] *(Lactarius repraesentaneus)*

Gedrückte Haut an Hut und Stiel sowie verletzte Blätter und angeschnittenes Fruchtfleisch verfärben sich violett.

Der **Hut** ist 60–150 mm breit und am Rand nach unten gebogen, in der Jugend zottig und bei feuchtem Wetter schleimig, meist gelblich. Die **Blätter** sind niedrig, dicht und weich, hell- bis ocker-cremefarben. Der **Stiel** ist 70–160 mm hoch und 20–30 mm dick, mit einer starken krustigen Haut, im Reifezustand hohl, oben glatt, trocken und bereift, weiter unten grübchenförmig, bei feuchtem Wetter schleimig und mit Wassertröpfchen an der Oberfläche, gefärbt wie der Hut. Das **Fruchtfleisch** ist kräftig, hart und kompakt, im Alter brüchig, weißlich cremefarben; es riecht wie Toilettenseife, der Geschmack ist zuerst süßlich, später bitter. Sondert reichlich weiße Milch ab, die am Fruchtfleisch violett anläuft und wie dieses schmeckt.

Wächst von Juli bis Oktober in feuchten Fichten-, Weiden- und Birkengehölzen auf saurem Boden. Kommt in Hügellandschaften bis hin zum Bergland vor, jedoch selten.

Ungenießbar.

274

278

Fichten-Reizker [278] *(Lactarius deterrimus)*

Wir erkennen ihn an der Orangefärbung von Stiel, Blättern und Milch sowie an der Kombination von Orange und Grün an der Haut am Hut; wächst nur unter Fichten.

Der **Hut** ist 30–100 mm breit und bald eingedrückt, an der Oberseite bei feuchtem Wetter schleimig, bei trockenem glänzend bereift; teilweise mit unausgeprägten konzentrischen Kreisen. Die **Blätter** sind ziemlich dicht und nach Druck schmutziggrün verfärbend. Der **Stiel** ist 30–70 mm hoch und 10–25 mm dick, bald hohl und ziemlich brüchig. Das **Fruchtfleisch** ist hart, in der Jugend fest und im Alter bröcklig, am Hut gelblich, unter der Haut grün und in der Höhlung des Stiels weißlich, unter dem Einfluß der abgesonderten Milch orange verfärbend, später grünlich; riecht obstig, der Geschmack ist im Rohzustand leicht mundzusammenziehend bis bitterlich, nach Warmzubereitung jedoch würzig. Sondert in der Jugend reichlich Milch ab, die an der Luft dunkler wird – über einen satten Karottenton ins Weinrote; der Geschmack ist zuerst mild, bald aber bitter bis leicht brennend.

Wächst von August bis November. Kommt von der Tiefebene bis zum Gebirgsvorland stellenweise häufig vor.

Ist **eßbar**, schmackhaft und geeignet für Suppen, Saucen und Füllungen sowie zum Anbraten und Einlegen in Essig.

Lärchen-Milchling [279] *(Lactarius porninsis)*

Charakterisiert durch orangefarbene Töne an der ganzen Oberfläche und ausschließliches Vorkommen unter Lärchen.

Der **Hut** ist 30–90 mm breit und bei feuchtem Wetter schleimig, teilweise mit konzentrischen Kreisen, orangegelb bis orangerot. Die **Blätter** sind niedrig und ziemlich dicht, gelblich bis orangeocker. Der **Stiel** ist 35–70 mm hoch und 10–20 mm dick, im Alter hohl, ocker bis orange. Das **Fruchtfleisch** ist hart, am Hut weißlich und am Stiel mit einem Ockerschimmer; es hat einen apfelartigen Geruch und brennenden Geschmack. Die Milch ist weiß, auf der Zunge brennend und bitter.

Wächst von Juli bis Oktober in Hügellandschaften bis hin zum Bergland, stellenweise häufig. **Ungenießbar**.

279

280

Grubiger Milchling [280] *(Lactarius scrobiculatus)*

Merkmale sind die Gelbschattierungen an der ganzen Oberfläche und eine auffallend genarbte Haut am Stiel.

Der **Hut** ist 60–200 mm breit, eingedrückt, dickfleischig und mit filzigem Rand. Die **Blätter** sind schmal, sehr dicht und in der Jugend mit klaren Tröpfchen bedeckt. Der **Stiel** hat 30–80 mm Höhe, 20–35 mm Dicke und ist bereift, im Reifezustand hohl, aber hart. Das **Fruchtfleisch** ist sehr hart, weißlich bis gelblich, von obstigem Geruch und scharfem Geschmack. Sondert reichlich weiße, auf der Zunge brennende Milch ab, die sich an der Luft sofort schwefelgelb verfärbt.

Wächst von Juli bis Oktober in Fichtenwäldern. Kommt in Hügellandschaften und im Gebirgsvorland stellenweise häufig vor. Ist **roh schwach giftig**.

Brätling [281] *(Lactarius volemus)*

Wir erkennen ihn am auffällig heringsartigen Geruch und süßlichen Geschmack des Fruchtfleisches.

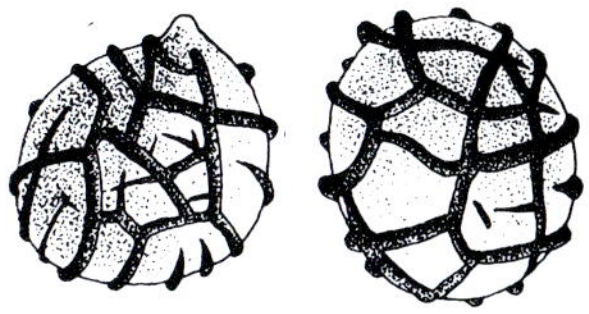

Sporen

Der **Hut** ist 50–130 mm breit, ungezont, hart, trocken und matt, rotbraun oder orange-rostfarben, bisweilen mehr ins Gelbe gehend. Die **Blätter** sind dicht und cremefarben oder gelblich, oft mit einer Hellockerschattierung, an Druckstellen braun anlaufend. Der **Stiel** ist 50–120 mm hoch und 10 bis 30 mm dick, zylindrisch und voll, bräunlich bis braunrot. Das **Fruchtfleisch** ist hart, am Hut weißlich bis gelblich, am Schnitt bis schmutzig-braun dunkelnd und am Stiel rostfarben. Sondert reichlich weiße Milch ab, besonders junge Fruchtkörper, doch läuft sie an der Luft bald graubraun an; der Geschmack ist zuerst mild und süßlich, doch nach einer Weile leicht scharf.

Wächst von Juni bis Oktober in Laubwäldern, vor allem in wärmeren Eichen- und Buchengehölzen, bisweilen auch in Nadelwäldern. Kommt von der Tiefebene bis hin zum Gebirgvorland verstreut vor.

Ist als einer der wenigen Pilze **roh eßbar**, wird aber gewöhnlich gebraten. Läßt sich auch räuchern oder in Essig einlegen.

281

282

Olivbrauner Milchling [282] *(Lactarius turpis)*

Charakteristisch für diese Art ist die dunkle, olivbraune bis braunschwarze Haut an Hut und Stiel.

Der **Hut** ist 60–160 mm breit und in der Mitte bald eingedrückt, am Rand lange nach unten gebogen und in der Jugend filzig, sonst kahl, gewöhnlich ungezont. Die **Blätter** sind niedrig und dicht, bei feuchtem Wetter tränend und anfangs weißlich, später gelblich, an Druckstellen dunkelnd. Der **Stiel** ist 30–70 mm hoch und 15–30 mm dick, zylindrisch, im Alter hohl, bisweilen grübchenförmig. Das **Fruchtfleisch** ist kräftig, sehr hart und kompakt, weißlich bis gelblich, am Schnitt leicht bräunend, ohne Geruch und von brennendem Geschmack. Sondert reichlich weiße, auf der Zunge heftig brennende Milch ab, die an der Luft nach längerer Zeit leicht grau oder graugrün anläuft.

Wächst von Juli bis Oktober unter Birken, manchmal auch unter Fichten, vor allem auf sauren Böden. Kommt in der Tiefebene bis hin zum Gebirgsvorland häufig vor.

Ungenießbar und roh sogar giftig.

Graugrüner Milchling [283, 284] *(Lactarius blennius)*

Sondert auf der Zunge stark brennende weiße Milch aus, die sich an der Luft grauoliv verfärbt.

Der **Hut** ist 30–80 mm breit und bald vertieft, schleimig und graugrün, olivfarben bis graubraun, oft mit kleinen braunen Flecken. Die **Blätter** sind niedrig, sehr dicht und weißlich, nach Druck schmutziggrün anlaufend. Der **Stiel** ist 30–60 mm hoch und 10–20 mm breit, im Alter hohl, gräulich bis graugrün. Das **Fruchtfleisch** ist weißlich und geruchlos, brennt aber auf der Zunge.

Wächst von Juli bis Oktober in Buchenwäldern. Kommt von der Tiefebene bis zum Gebirgsvorland häufig vor, besonders auf basischen und neutralen Böden.

Ungenießbar.

283

284

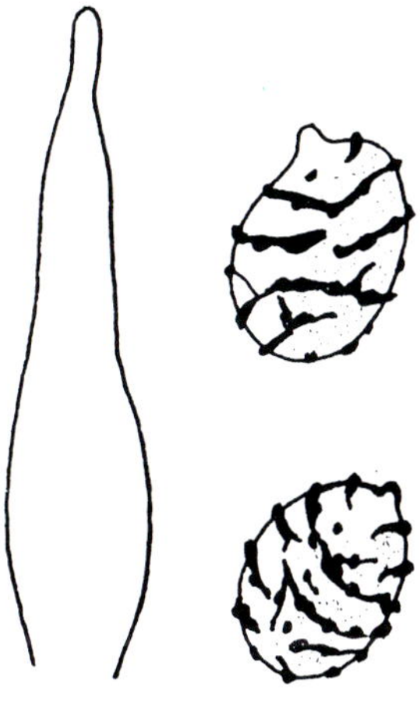

Cheilozystide und Sporen

Pechschwarzer Milchling [285, 286] *(Lactarius picinus)*

285

286

Dieser Pilz hat eine schwarzbraune, leicht samtige Haut an Hut und Stiel, am Hut bisweilen mit einer Violettschattierung und am Stiel stellenweise bis weißlich.

Der **Hut** ist 40–120 mm breit und leicht gewölbt bis sanft vertieft. Die **Blätter** sind dicht und in der Jugend weißlich, später mit einem ockerorange Schimmer. Der **Stiel** ist 40–100 mm hoch, 10–20 mm dick und bereift. Das **Fruchtfleisch** ist fest und weißlich bis gelblich, am Schnitt rosa oder orange anlaufend, riecht obstartig und hat einen leicht brennenden Geschmack. Die Milch ist weißlich, bisweilen schwach rosa überhaucht und schmeckt scharf.

Wächst von August bis Oktober in Fichtenwäldern. Kommt in Vorgebirgs- und Gebirgsregionen vor, jedoch nicht häufig.

Ungenießbar.

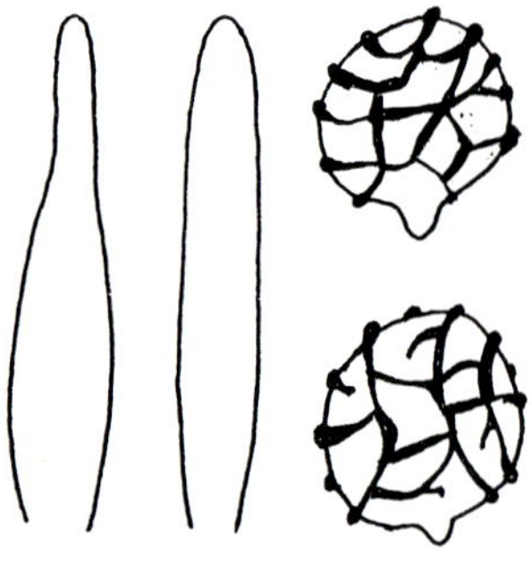

Cheilozystiden und Sporen

287

Wäßriger Milchling [287] *(Lactarius serifluus)*

Roh erkennen wir ihn am unangenehmen blattwanzenartigen Geruch; nach dem Trocknen riecht er wie Zichorie.

Der **Hut** ist 30–80 mm breit, bald ausgestreckt und in der Mitte eingedrückt, bisweilen mit einer buckligen bis runzeligen Oberfläche, brüchig; die Haut ist trocken und matt, dunkelrot- bis schwärzlich-braun, in der Jugend am Rand weißlich bereift. Die **Blätter** sind niedrig, nicht allzu dicht und brüchig, in der Jugend gelblich bis zimtgelb, später rostocker bis zimtbraun. Der **Stiel** ist 30–70 mm hoch und 7–15 mm dick, zimtgelb bis rotbraun, in der Jugend weißlich bereift, im Alter und bei trockenem Wetter grau verfärbend. Das **Fruchtfleisch** ist ziemlich dünn und im Reifezustand auffallend brüchig, schmutzig-ocker bis braunrot, von mildem, aber etwas unangenehmem Geschmack. Die Milch ist wäßrig, farblos und nicht auf der Zunge brennend, wird in der Jugend in reichlicher Menge abgesondert und verliert sich bei reifen Fruchtkörpern oft völlig.

Wächst von Juni bis Oktober in Eichen-, bisweilen auch in Buchenwäldern. Kommt von der Tiefebene bis zum Gebirgsvorland vor, häufiger aber nur in wärmeren Gegenden. **Eßbar**, jedoch von minderwertiger Qualität.

REGISTER DER DEUTSCHEN NAMEN

Die kursiv gesetzten Zahlen verweisen auf Nummern der Abbildungen

Ackerling, Frühlings- 205, *233*

Becherling, Feuchtliebender 19, *13*
Birkenpilz, Gemeiner 92–93, *97, 98*
Birkenröhrling, Graugrüner 94, *99*
Bläuling, Fleischroter 180–181, *204, 205*
- Rötlicher 180–181, *204, 205*
- Violetter 181, *206*
Brätling 245, *281*
Braunhäuptchen 112–113, *123, 124*
Breitblatt 164, *183, 184*
Butterpilz 101, *109*

Champignon, Schaf- 199, *227*
- Wiesen 200–201, *228*

Dachpilz, Schwarzschneidiger 196, *223, 224*

Egerling, Blut- 204–205, *232*
- Feinschuppiger 203, *231*
- Feld- 200–201, *228*
- Gift- 201, *229*
- Karbol- 201, *229*
- Riesen- 202–203, *230*
- Schiefknolliger Anis- 198, *226*
- Schneeweißer 197, *225*
- Tinten- 201,*229*
- Wald- 204–205, *232*
- Weißer Anis- 199, *227*
- Wiesen- 200–201, *228*
Eichhase 65, *65, 66*
Eispilz 29, *23*
Ellerling, Wiesen- 140, *156*
- Orange- 140, *156*
Erdstern, Halskrausen- 38, *34*
Eselsohr 18, *12*

Fälbling, Rettich- 216, *248*
Fältling, Gallertfleischiger 54, *52*
Feuerschwamm, Rotporiger 59, *57*
Flämmling, Beringter 217, *249*
Frühjahrslorchel 15–16,

Gallerttrichter, Fleischroter 27, *21*
Gelbfuß, Filziger 118, *130*
- Kupferroter 118–119, *131, 132*

Giftchampignon, Weißer 201, *229*
Glockenverpel 10, *3*
Glucke, Krause 48, *44*
Graukappe 170–171, *192*
Grübling, Erlen- 104–105, *113*
Grünling 147, *163*

Habichtspilz 50, *46*
Hallimasch, Dunkler 162, *180*
- Honiggelber 160–161, *179*
- Ringloser 162–163, *181, 182*
Helmling, Gelbfüßiger 182–183, *207, 208*
Henne, Fette 48, *44*
Herbstblatt 170–171, *192*
Herbsttrompete 44–45, *40*
Herkuleskeule, Abgestutze 46–47, *42, 43*
- Gelbe 46, *41*
Herrenpilz 80–81, *82, 83*
Hirsepilz 99, *106*
Holzritterling, Rötlicher 155, *172, 173*
Hundsrute, Gemeine 30–31, *24, 25*

Judasohr 25–26, *19, 20*

Kammpilz, Weißrandiger 55, *53*
Kartoffelbovist 39, *35*
Klapperschwamm 64, *63, 64*
Knäuelritterling 156–157, *174*
Knäuling, Borstiger 73, *75*
Knorpelporling, Kaskaden- 62–63, *61*
Knollenblätterpilz, Gelber 185, *212*
- Grüner 184–185, *210, 211*
Königsröhrling 80, *81*
- Blauender 84, *86*
Koralle, Goldgelbe 49, *45*
Krempenritterling, Bitterer 166, *186*
Krempling, Empfindlicher 122–123, *135, 136*
- Erlen- 123, *137*
- Kahler 122–123, *135, 136*
- Samtfuß- 121, *134*
Kronenbecherling 22, *16*
Kuhmaul 120–121, *133*

Lackporling, Glänzender 60, *58*
Lacktrichterling, Amethystblauer 181, *206*
- Rötlicher 180–181, *204, 205*

Leberpilz 61, *59, 60*
Lorchel, Gift- 15–16, *9*
- Gruben- 17, *11*

Maipilz 142–143, *158*
Mairitterling 142–143, *158*
Milchling, Birken- 240, *275*
- Graugrüner 247, *283, 284*
- Grubiger 244–245, *280*
- Kurzstieliger Pfeffer- 238, *273*
- Lärchen- 243, *279*
- Olivbrauner 246, *282*
- Pechschwarzer 248, *285, 286*
- Wäßriger 249, *287*
- Zottiger Violett- 238–239, *274*
Möhrling, Doppelring- 160, 178, *178*
Morchel, Glocken- 12, *5*
- Halbfreie 12, *5*
- Hohe 10-11, *4*
- Käpchen- 12, *5*
- Spitz- 10–11, *4*

Nebelkappe 170–171, *192*

Ochsenzunge 61, *59, 60*
Ohrlappenpilz, Gezonter 24–25, *18*
Ölbaumpilz, Leuchtender 124, *138, 139*
Orangebecherling, Gestielter 21, *15*

Pantherpilz 186, *213*
Parasol 190–191, *217*
Perlpilz 188, *215*
Pfifferling, Echter 41–42, *37*
- Falscher 125, *140*
- Samtiger 44, *39*
- Starkriechender 40–41, *36*
- Trompeten- 42–43, *38*
Porling, Schuppiger 67, *69*
Porphyrröhrling, Düsterer 116–117, *129*
Prachtbecherling, Zinnoberroter 20, *14*

Rasling, Büschel- 158–159, *177*
- Frost- 156–157, *174*
- Gepanzerter 157, *175*
- Geselliger 156–157, *174*
- Lehmfarbener 158, *176*
Rauhfuß, Hainbuchen- 94–95, *100, 101*
Rehpilz 50, *46*
Reifpilz 214, *245*
Reizker, Echter 240, *276, 277*
- Edel- 240, *276, 277*
- Fichten- 242–243, *278*
Riesenbovist 36–37, *32*
Riesenlorchel 14–15, *7, 8*
Riesenporling 66–67, *67, 68*
Ringrübling, Buchen- 165, *185*
Rißpilz, Kegeliger 215, *246, 247*
Ritterling, Echter 147, *163*
- Erd 145, *160*
- Feinschuppiger 152–153, *169*
- Gelbblättriger 151, *168*
- Grüngelber 148, *164*
- Orangegelber 150–151, *167*
- Orangeroter 150–151, *167*
- Schwarzfaseriger 153, *170*
- Schwefel- 148–149, *165, 166*
- Seifen- 146–147, *161, 162*
- Strohblasser 144–145, *159*
- Widerlicher 144–145, *159*
- Zottiger 154, *171*
Röhrling, Aprikosen- 115, *127*
- Bronze- 82–83, *85*
- Dickfuß- 84–85, *87, 88*
- Dunkler Rotfuß- 116, *128*
- Falscher Schwefel- 82, *84*
- Filziger 110–111, *120, 121*
- Flockenstieliger Hexen- 88, *91*
- Gallen- 106–107, *116*
- Glattstieliger Hexen- 86, *89*
- Gold- 102–103, *111*
- Goldgelber Lärchen- 102–103, *111*
- Grauer Lärchen- 102, *110*
- Heiden- 113, *125*
- Hohlfuß- 109, *118, 119*
- Kapuziner- 92–93, *97, 98*
- Körnchen- 100, *107, 108*
- Maronen- 112–113, *123, 124*
- Netzstieliger Hexen- 88–89, *92*
- Ochsen- 87, *90*
- Pfeffer- 106, *114, 115*
- Rostroter Lärchen- 104, *112*
- Rotfuß- 114, *126*
- Sand- 99, *106*
- Schmarotzer- 111, *122*
- Schwarzblauender 92, *96*
- Wurzelnder 90, *93*
Rötelritterling, Fleischbrauner 173, *195*
- Fuchsiger 172–173, *193, 194*
- Graubrauner 174–175, *196*
- Schmächtiger 173, *195*
- Violetter 175, *197*
Rotfüßchen 114, *126*
Rothäubchen 96, *102*
Rotkappe, Birken- 98–99, *105*
- Eichen- 97, *103, 104*
- Espen- 96, *102*
Rötling, Riesen- 194, *220, 221*
- Schild- 192–193, *219*
Rübling, Gefleckter 178, *201*
- Horngrauer 178–179, *202, 203*
- Spindelfüßiger 176–177, *199, 200*
- Spindeliger 176–177, *199, 200*
Rundmorchel 12–13, *6*
Rußporling, Grauer 56–57, *54*

Saftling, Schwärzender 141, *157*
Sägeblättling, Getigerter 74, *76*
Samtfuß, Sommer- 176, *198*
Satanspilz 90–91, *94, 95*
Schafeuter 57, *55*
Schafporling 57, *55*
Scheibling, Größter 16, *10*

Schillerporling, Häutiger 58, *58*
Schirmling, Beschuhter 191, *218*
Schirmpilz, Riesen- 190–191, *217*
Schleierritterling, Knolliger 212, *242*
Schleimfuß, Natternstieliger 212–213, *243, 244*
Schmerling 100, *107, 108*
Schmierling, Großer 120–121, *133*
Schnekling, Braunscheibiger 134, *149*
- Elfenbein- 128, *142*
- Flamingo- 130–131, *146*
- Frost- 130, *145*
- Gelbblättriger 130, *145*
- Goldzahn- 133, *148*
- Graubrauner 138–139, *154*
- Grauweißer 134–135, *150, 151*
- Natternstieliger 136–137, *153*
- Rasiger 132–133, *147*
- Schleimberingter 128–129, *143, 144*
- Schwarzfaseriger 139, *155*
- Starkriechender 128, *142*
- Trockener 126–127, *141*
- Wohlriechender 136, *152*
Schönkopf, Mai- 142–143, *158*
Schüppling, Frühlings- 205, *233*
- Hochthronender 208, *236, 237*
- Runzel- 214, *245*
Schusterpilz 88, *91*
Schwefelkopf, Graublättriger 210–211, *240, 241*
- Ziegelroter 210, *239*
Schwefelporling 63, *62*
Schwindling, Feld- 183, *209*
- Nelken- 183, *209*
Seitling, Austern- 68–69, *70*
- Berindeter 72, *74*
- Beschleierter 70, *71, 72*
- Löffelförmiger 71, *73*
Spargelpilz 206, *234*
Speisemorchel 12–13, *6*
Speiteufel 221, *252, 253*
Stachelbart, Ästiger 52–53, *50, 51*
Stachelseitling, Dorniger 52, *49*
Stäubling, Beutel- 35, *31*
- Flaschen- 34, *30*
- Getäfelter 37, *33*
Steinpilz 80–81, *82, 83*
- Braunvioletter 79, *80*
- Eichen- 76–77, *78*
- Kiefern- 78–79, *79*
- Rothütiger 78–79, *79*
- Schwarzhütiger 82–83, *85*
- Sommer- 76–77, *78*
Stinkmorchel, Dünen- 33, *28, 29*
- Gemeine 32, *26, 27*
Stockschwämmchen, Gemeines 208–209, *238*
Stoppelpilz, Rotgelber 51, *47, 48*
Streifling, Grauer 189, *216*
Strubbelkopf 108–109, *117*

Täubling, Brauner Leder- 234–235, *269, 270*
- Camembert- 228–229, *262*
- Chromgelber 220, *251*
- Frauen- 232–233, *266*
- Gallen- 223, *255*
- Gefelderter 231, *264, 265*
- Gelbfleckender 225, *258*
- Gelbweißer 222–223, *254*
- Gold- 224, *256, 257*
- Grasgrüner 228, *261*
- Grüner Birken- 228, *261*
- Grünschuppiger 231, *264, 265*
- Lederstiel- 218–219, *250*
- Ockergelber 222–223, *254*
- Roststieliger Leder- 230, *263*
- Roter Herings- 236, *271*
- Scharfer Glanz- 236–237, *272*
- Spei- 221, *252,253*
- Speise- 233, *267*
- Stink- 226, *259*
- Violettgrüner 232–233, *266*
- Wiesel- 227, *260*
- Zinnober- 234, *268*
Tellerling, Würziger 195, *222*
Tintling, Falten- 207, *235*
- Grauer 207, *235*
- Knoten 207, *235*
- Schopf- 206, *234*
Totentrompete 44–45, *40*
Trichterling, Buchsblättriger 168–169, *189, 190*
- Graublättriger 170, *191*
- Grüner Anis- 168, *188*
- Nebelgrauer 170–171, *192*
Trüfel, Deutsche 23, *17*

Verpel, Böhmische 8–9, *2*

Weichritterling, Falber 166–167, *187*
Weißtrüffel 23, *17*
Wulstling, Gedrungener 186–187, *214*
- Grauer 186–187, *214*

Zähling, Anis- 75, *77*
Ziegenlippe 110–111, *120, 121*
Zigeuner 214, *245*
Zitronentäubling 222–223, *254*
Zitterling, Goldgelber 28, *22*
Zitterzahn 29, *23*

REGISTER DER LATEINISCHEN NAMEN

Die kursiv gesetzten Zahlen verweisen auf Nummern der Abbildungen

Agaricus arvensis 199
- *augustus* 202, *230*
- *campestris* 200–201, *228*
- *chionodermus* 197, *225*
- *essettei* 198, *226*
- *langei* 204–205, *232*
- *squamulifer* 203, *231*
- *xanthodermus* 201, *229*

Agrocybe praecox 205, *233*
Albatrellus ovinus 57, *55*
Amanita citrina 185, *212*
- *excelsa* 186–187, *214*
- *pantherina* 186, *213*
- *phalloides* 184–185, *210, 211*
- *rubescens* 188, *215*
- *spissa* 186–187, *214*
- *vaginata* 189, *216*

Armillaria mellea 160–161, *179*
- *obscura* 162, *180*
- *ostoyae* 162, *180*
- *socialis* 162–163, *181, 182*

Auricularia auricula-judae 25–26, *19, 20*
- *mesenterica* 24–25, *18*

Boletellus fragilipes 116, *128*
Boletinus cavipes 109, *118, 119*
Boletopsis leucomelaena 56–57, *54*
Boletus aereus 82–83, 81, *85*
- *albidus* 90, *93*
- *calopus* 84–85, *87, 88*
- *edulis* 80–81, *82, 83*
- *erythropus* 88, *91*
- *junquilleus* 82, *84*
- *luridus* 88–89, *92*
- *pinophilus* 78–79, 81, *79*
- *pulverulentus* 92, *96*
- *queletii* 86, *89*
- *regius* 80, *81*
- *reticulatus* 76–77, 81, *78*
- *satanas* 90–91, *94, 95*
- *separans* 79, *80*
- *speciosus* 84, *86*
- *torosus* 87, *90*

Calocybe gambosa 142–143, *158*
Calvatia excipuliformis 35, *31*
- *utriformis* 37, *33*

Camarophyllus pratensis 140, *156*
Cantharellus cibarius 41–42, *37*
- *friesii* 44, *39*
- *tubaeformis* 42–43, *38*
- *xanthopus* 40–41, *36*

Catathelasma imperiale 160, *178*
Chalciporus piperatus 106, *114, 115*
Choiromyces meandriformis 23, *17*
- *venosus* 23, *17*

Chroogomphus helveticus 118–119, *130*
- *rutilus* 118–119, *131, 132*

Clavariadelphus flavo-immaturus 46, *41*
- *pistillaris* 47, *43*
- *truncatus* 46–47, *42*

Clitocybe alexandri 168–169, *189, 190*
- *gibba* 173
- *inornata* 170, *191*
- *odora* 168, *188*

Collybia asema 179, *202, 203*
- *contorta* 176–177, *199, 200*
- *fusipes* 176–177, *199, 200*
- *maculata* 178, *201*

Coprinus atramentarius 207, *235*
- *comatus* 206, *234*

Cortinarius trivialis 212–213, *243, 244*
Craterellus cornucopioides 44–45, *40*
Creolophus cirrhatus 52, *49*

Dendropolyporus umbellatus 65, *65, 66*
Discina perlata 16, *10*

Entoloma clypeatum 192–193, *219*
- *sinuatum* 194, *220, 221*

Fistulina hepatica 61, *59, 60*
Flammulina fennae 176, *198*

Ganoderma lucidum 60–61, *58*
Geastrum triplex 38, *34*
Gomphidius glutinosus 120–121, *133*
Grifola frondosa 64, *63, 64*
Gymnopilus junonius 217, *249*
Gyrodon lividus 104–105, *113*
Gyromitra esculenta 15, *9*
- *fastigiata* 16
- *gigas* 14, 16, *7, 8*

Hebeloma sinapizans 216, *248*
Helvella lacunosa f. phlebophoroidea 17, *11*
Hericium clathroides 52–53, *50, 51*
- *flagellum* 52

Hirneola auricula-judae 25–26, *19, 20*
Hydnum repandum 51, *48*
– *rufescens* 51, *47*
Hygrocybe nigrescens 141, *157*
Hygrophoropsis aurantiaca 125, *140*
Hygrophorus agathosmus 136, *152*
– *atramentosus* 139, *155*
– *camarophyllus* 138–139, *154*
– *chrysodon* 133, *148*
– *discoideus* 134, *149*
– *eburneus* 128, *14*
– *erubescens* 132–133, *147*
– *gliocyclus* 129, *143, 144*
– *hypothejus* 130, *145*
– *latitabundus* 134–135, *150, 151*
– *olivaceoalbus* 136–137, *153*
– *penarius* 126–127, *141*
– *persicolor* 130–131, *146*
Hypholoma capnoides 210–211, *240, 241*
– *sublateritium* 210, *239*

Inocybe fastigiata 215, *246, 247*
Inonotus cuticularis 58, *58*

Kuehneromyces mutabilis 208–209, *238*

Laccaria amethystea 181, *206*
– *laccata* 180, *204, 205*
Lactarius blennius 247, *283, 284*
– *deliciosus* 240–241, *276, 277*
– *deterrimus* 242–243, *278*
– *picinus* 248, *285, 286*
– *piperatus* 238, *273*
– *porninsis* 243, *279*
repraesentaneus 238–239, *274*
– *scrobiculatus* 244–245, *280*
– *serifluus* 248–249, *287*
– *torminosus* 240, *275*
– *turpis* 246–247, *282*
– *volemus* 245, *281*
Laetiporus sulphureus 63, *62*
Langermannia gigantea 36–37, *32*
Leccinum aurantiacum 96, *102*
– *carpini* 94–95, *100, 101*
– *griseum* 94, *99*
– *pseudoscabrum* 94–95, *100, 101*
– *quercinum* 97, *103, 104*
– *rufescens* 98–99, *105*
– *rufum* 96, *102*
– *scabrum* 92–93, *97, 98*
– *thalassinum* 94, *99*
– *versipelle* 98–99, *105*
Lentinellus cochleatus 75, *77*
Lentinus tigrinus 74, *76*
Lepiota ignivolvata 191, *218*
Lepista flaccida 172–173, *193, 194*
– *inversa* 172–173, *193, 194*
– *luscina* 174–175, *196*
– *nebularis* 170–171, *192*
– *nuda* 175, *197*
– *sordida* 173, *195*
Leucocortinarius bulbiger 212, *242*
Leucopaxillus gentianeus 166, *186*
Lycoperdon perlatum 34, *30*
Lyophyllum decastes 158–159, *177*
– *fumosum* 156–157, *174*
– *loricatum* 157, *175*
– *paelochroum* 158, *176*

Macrolepiota procera 190, *217*
Marasmius oreades 183, *209*
Megacollybia platyphylla 164, *183, 184*
Melanoleuca cognata 166–167, *187*
Meripilus giganteus 66–67, *67, 68*
Merulius tremellosus 54, *52*
Morchella elata 10–11, *4*
– *esculenta* 12–13, *6*
– *hybrida* 12, *5*
– *semilibera* 12, *5*
Mutinus caninus 30–31, *24, 25*
Mycena renati 182, *207, 208*

Omphalotus olearius 124, *138, 139*
Otidea leporina 18
– *onotica* 18, *13*
Oudemansiella mucida 165, *185*

Panus lecomtei 73, *75*
– *rudis* 73, *75*
Paxillus atrotomentosus 121, 134
– *involutus* 122, *135, 136*
– *rubicundulus* 123, *137*
Peziza udicola 19, *13*
Phallus hadriani 33, *28, 29*
– *impudicus* 32, *26, 27*
Phellinus torulosus 59, *57*
Phlebia centrifuga 55, *53*
Pholiota aurivella 208, *236, 237*
Pleurotus calyptratus 70, *71, 72*
– *dryinus* 72, *74*
– *ostreatus* 68–69, *70*
– *pulmonarius* 71, *73*
Pluteus tricuspidatus 196, *223, 224*
Polyporus squamosus 67, *69*
Porphyrellus porphyrosporus 116–117, *129*
Pseudohydnum gelatinosum 29, *23*

Ramaria aurea 49, *45*
Rhodocybe gemina 195, *222*
– *truncata* 195, *222*
Rozites caperata 214, *245*
Russula aeruginea 228, *261*
– *amoenolens* 228–229, *262*
– *aurea* 224, *256, 257*
– *claroflava* 220, *251*
– *cyanoxantha* 232–233, *266*
– *emetica* 221, *252*
– *emetica* var. *silvestris* 221, *253*
– *fellea* 223, *255*
– *firmula* 236–237, *272*
– *foetens* 226, *259*
– *integra* 234–235, *269, 270*
– *lepida* 234, *268*
– *luteotacta* 225, *258*
– *mustelina* 227, *260*
– *ochroleuca* 222–223, *254*
– *olivacea* 230, *263*
– *polychroma* 234–235, *269, 270*
– *rosea* 234, *268*
– *vesca* 233, *267*
– *virescens* 231, *264, 265*
– *viscida* 218–219, *250*

- *xerampelina* 236, *271*

Sarcodon imbricatus 50, *46*
Sarcoscypha austriaca 20
- *coccinea* 20, *14*
- *jurana* 20
Sarcosphaera coronaria 22, *16*
- *crassa* 22, *16*
Scleroderma citrinum 39, *35*
Skeletocutis odora 62–63, *61*
Sowerbyella rhenana 21, *15*
Sparassis crispa 48, *44*
Strobilomyces strobilaceus 108–109, *117*
Suillus aeruginascens 102, *110*
- *fluryi* 100
- *granulatus* 100, *107, 108*
- *grevillei* 102–103, *111*
- *luteus* 101, *109*
- *tridentinus* 104, *112*
- *variegatus* 99, *106*
- *viscidus* 102, *110*

Tremella mesenterica 28, 22
Tremiscus helvelloides 27, 29, *21*

Tricholoma album 144–145, *159*
- *aurantium* 150–151, *167*
- *equestre* 147, *163*
- *flavobrunneum* 151, *168*
- *fulvum* 151, *168*
- *imbricatum* 152–153, *169*
- *portentosum* 153, *170*
- *saponaceum* 146–147, *161, 162*
- *sejunctum* 148, *164*
- *sulphureum* 148–149, *165, 166*
- *terreum* 145, 160
- *vaccinum* 154, *171*
Tricholomopsis rutilans 155, *172, 173*
Tylopilus felleus 106–107, *116*

Verpa bohemica 8–9, 2
- *conica* 10, *3*

Xerocomus armeniacus 115, *127*
- *badiorufus* 112–113, *125*
- *badius* 112, *123, 124*
- *chrysenteron* 114, *126*
- *parasiticus* 111, *122*
- *subtomentosus* 110–111, *120, 121*

LITERATURHINWEISE

Arora, D.: Mushrooms Demystified. Berkeley 1986.
Baier, J.: Pilze sammeln und essen. Prag 1987.
Breitenbach, J., Kränzlin, F.: Pilze der Schweiz (Champignons de Suisse, Fungi of Switzerland), I–III. Luzern 1981–1991.
Bresadola, G.: Iconographia mycologica, I–V. Ristampata a cura di Massimo Candusso. Saronno 1981–1982.
Candusso, M. (edit.): Fungi Europaei, I–V (A. Capelli: Agaricus; C. L. Alessio: Boletus; A. Riva: Tricholoma; M. Candusso, G. Lanzoni: Lepiota; M. E. Noordeloos: Entoloma). Saronno 1984–1992.
Cetto, B.: Der grosse Pilzführer, I–IV. München – Bern (Zürich) – Wien 1979–1984.
Dähncke, R. M. und S. M.: 700 Pilze in Farbfotos. Aarau 1980.
Dermek, A., Lizoň, P.: Malý atlas húb. Bratislava 1980.
Dickinson, C., Lucas, J. (edit.): VNR Color Dictionary of Mushrooms. New York – London 1982.
Einhellinger, A.: Die Gattung Russula in Bayern. Regensburg 1985.
Engel, H., Krieglsteiner, G. J., Dermek, A., Watling, R.: Dickröhrlinge. Weidhausen 1983.
Engel, H., Dermek, A., Watling, R.: Rauhstielröhrlinge. Weidhausen 1983.
Galli, R.: Gli Igrofori delle nostre Regioni. San Vittore Olona 1985.
Hagara, L.: Atlas húb. Martin 1993.
Hagara, L.: Huby – dvojníky. Bratislava 1992.
Jacquetant, E.: Les Morilles. Lausanne 1984.
Jahn, H.: Pilze, die an Holz wachsen. Herford 1979.
Jülich, W.: Kleine Kryptogamenflora. Band IIb/I. Die Nichtblätterpilze, Gallertpilze und Bauchpilze. Jena 1984.
Konrad, P., Maublanc, A.: Icones selectae Fungorum, I–VI. Ristampa a cura di Massimo Candusso. Saronno 1985–1987.
Korhonen, M.: Suomen rouskut. Keuruu 1984.
Kotlaba, I.: Zeměpisné rozšíření a ekologie chorošů (Polyporales s. l.) v Československu. Prag 1984.
Kreisel, H. (edit.): Pilzflora der Deutschen Demokratischen Republik. Jena 1987.
Lincoff, G. H.: The Audubon Society Field Guide to North American Mushrooms. New York 1981.
Marchand, A.: Champignons du nord et du midi, I–IX. Perpignan 1971–1986.
Merlo, E. G., Traverso, M.: Le Amanite. Genova 1983.
Merlo, E. G., Rosso, M., Traverso, M.: I Boleti. Genova 1980.
Michael, E., Hennig, B., Kreisel, H.: Handbuch für Pilzfreunde, I–VI. Jena 1981–1987.
Moser, M.: Kleine Kryptogamenflora. Band IIb/2. Die Röhrlinge und Blätterpilze. Jena 1983.
Phillips, R.: Mushrooms and other Fungi of Great Britain and Europe. London 1981.
Phillips, R.: Das Kosmosbuch der Pilze. Stuttgart 1982.
Pilát, A.: Klíč k určování našich hub hřibovitých a bedlovitých. Prag 1951.
Pilát, A., Dermek, A.: Hríbovité huby. Bratislava 1974.
Ricken, A.: Die Blätterpilze. Ristampato a cura di Massimo Candusso. Saronno 1980.
Ryman, S., Holmåsen, I.: Svampar. Stockholm 1984.
Svrček, M., Kubička, J.: Le multiguide nature des champignons d'Europe. Prag 1984.
Velenovský, J.: České houby. Prag 1920–1922.